名称：小别墅

◎ 实例文件/视频文件：课堂案例（*.rvt / *.mp4）
◎ 建筑说明：本建筑包含了全书大部分课堂案例的内容，根据课堂案例按顺序操作，即可完成小别墅的创建；部分课堂案例为针对功能的独立文件。

名称：会所

◎ 实例文件/视频文件：课堂练习（*.rvt / *.mp4）
◎ 建筑说明：本建筑包含了全书大部分课堂练习的内容，根据课堂练习的顺序操作，即可完成会所的创建；部分课堂练习为针对功能的独立内容。

名称：小洋房

○ 实例文件/视频文件：课后习题（*.rvt / *.mp4）

○ 建筑说明：本建筑包含了全书大部分课后习题的内容，根据课后习题的顺序操作，即可完成小洋房的创建；部分课后习题为针对功能的独立内容。

名称：阶梯教室

◎ 实例文件：实例文件>CH12综合案例实训：阶梯教室.rvt　◎ 视频文件：实例文件>CH12>综合案例实训：阶梯教室.mp4

◎ 建筑说明：本建筑为本书的最终综合实训，根据第12章的操作步骤和建模思路，即可完成该建筑的创建。

中文版

Revit 2018
基础培训教程

（全彩版）

何相君 刘欣玥 编著

人民邮电出版社
北京

图书在版编目（CIP）数据

中文版Revit 2018基础培训教程：全彩版 / 何相君，刘欣玥编著. -- 北京：人民邮电出版社，2020.4（2022.8重印）
ISBN 978-7-115-53100-1

Ⅰ．①中… Ⅱ．①何… ②刘… Ⅲ．①建筑设计－计算机辅助设计－应用软件－教材 Ⅳ．①TU201.4

中国版本图书馆CIP数据核字(2020)第021479号

内 容 提 要

本书介绍了 Revit 2018 的基础操作方法和 BIM 建模操作技法，包括初识 Revit 2018、Revit 建模的前期工作（标高和轴网）、墙体、门窗与楼板、天花板与柱、楼梯/栏杆扶手/坡道/入口台阶、屋顶、内建模型和场地建模、图表生成和渲染漫游、部件/零件和体量、族，以及综合案例实训等内容。

全书内容以课堂案例为主线，通过对各案例实际操作的介绍，读者可以快速上手，熟悉软件功能与建模思路。书中介绍的软件功能解析部分能使读者深入学习软件功能；课堂练习和课后习题可以拓展读者的实际应用能力，提高读者的软件使用技巧；综合实训案例可以帮助读者快速掌握 BIM 的建模思路和方法，顺利达到实战水平。

本书既适合作为高等院校和培训机构 BIM 建模课程的教学用书，也可作为 Revit 2018 自学人员的参考用书。

◆ 编　　著　　何相君　刘欣玥
　　责任编辑　　刘晓飞
　　责任印制　　马振武

◆ 人民邮电出版社出版发行　　北京市丰台区成寿寺路 11 号
　　邮编　100164　电子邮件　315@ptpress.com.cn
　　网址　http://www.ptpress.com.cn
　　固安县铭成印刷有限公司印刷

◆ 开本：787×1092　1/16　　　彩插：2
　　印张：18.75　　　　　　　　2020 年 4 月第 1 版
　　字数：544 千字　　　　　　2022 年 8 月河北第 3 次印刷

定价：78.00 元

读者服务热线：(010)81055410　印装质量热线：(010)81055316
反盗版热线：(010)81055315
广告经营许可证：京东市监广登字20170147号

前　言

BIM（建筑信息模型）是Autodesk公司提出的信息化工程建设理念，不仅能够帮助建筑师减少错误和浪费，还能提高效益和客户满意度，进而创建可持续性更高的精确设计；同时，BIM能够优化团队协作，使建筑师、工程师、承包商、建造人员与业主能更加清晰、可靠地沟通设计意图。随后Autodesk公司推出了实现BIM这一理念的软件——Revit，该软件是为BIM构建的，可帮助建筑设计师设计质量更好、能效更高的建筑。Revit强大的功能可以消除大量复杂的任务，其项目样板文件的统一标准设置为设计提供了便利，在满足设计标准的同时，大大提高了设计师的效率。不难想象，在今后的工程建设行业中（本书以建筑为主），Revit将是一款非常主流的软件。

为了帮助高等院校和培训机构的教师全面、系统地讲授这门课程，使读者能够熟练地使用Revit进行BIM建模，航骋教育组织从事BIM项目工作的专业人士编写了本书。

我们对本书的编写体系做了精心的设计，按照"课程案例→软件功能解析→课堂练习→课后习题"这一思路，力求通过课堂案例演练使读者快速了解软件功能和建模思路，通过软件功能解析使读者深入学习软件功能和制作特色，通过课堂练习和课后习题拓展读者的实际应用能力。在内容编写方面，我们力求通俗易懂、细致全面；在文字叙述方面，我们注意言简意赅、重点突出；在案例选取方面，我们强调案例的针对性和实用性。

本书的参考学时为64学时，其中实践环节为28学时，各章的参考学时参见下面的学时分配表。

章节	课程内容	学时分配	
		讲授	实训
第1章	初识Revit 2018	1	
第2章	Revit建模的前期工作	2	1
第3章	墙体	2	2
第4章	门窗与楼板	2	2
第5章	天花板与柱	2	2
第6章	楼梯/栏杆扶手/坡道/入口台阶	4	3
第7章	屋顶	2	2
第8章	内建模型和场地建模	3	2
第9章	图表生成和渲染漫游	6	4
第10章	部件/零件和体量	4	2
第11章	族	4	4
第12章	综合案例实训：阶梯教室	4	4
学时总计		36	28

为了方便读者更了解本书的结构体系，下面对全书结构进行图解展示。

实例文件：全书课堂案例、课堂练习和课后习题的成品文件，读者可将其作为相应课堂案例、课堂练习和课后习题的素材文件，也可将其作为操作练习的参考文件。

视频文件：全书课堂案例、课堂练习和课后习题的多媒体教学视频，如果读者在学习过程中遇到操作问题，可以边看边学。

展示图示：包含三维视图、轴网图、平面图或立面图，这些内容不仅能让读者了解接下来要学习的内容，还能让他们不由自主地去思考相关思路和方法，增强学习的积极性。

8.2.1 课堂案例：创建小别墅的地形

小别墅的地形如图8-61所示。

图8-61

146

8.3 课堂练习：绘制会所地形

会所的地形效果如图8-110所示。

图8-110

8.3.1 创建地形的参照平面

156

8.4.2 课后习题：创建小洋房的场地

场地效果如图8-125所示。

图8-125

3.1.2 认识墙体

墙重要命令介绍

图3-23

图3-24

图3-25

图3-27　图3-28

图3-29

40

右侧注释：

课堂案例：全书课堂案例为小别墅建筑的模型拆分（组合起来就是小别墅建筑的整体建模），每一个课堂案例针对特定的Revit功能，通过课堂案例的学习，读者可以掌握建筑特定构件的建模思路和方法，为后续的学习打下基础。另外，针对特定功能，本书配有独有的课堂案例。

课堂练习：全书课堂练习为会所建筑的模型拆分（组合起来就是会所的整体建模），每一个课堂练习都对应特定的Revit功能，通过课堂练习的巩固，读者可以对Revit功能、建模的思路和方法有深入的掌握。另外，针对特定功能，本书配有独有的课堂练习。

功能介绍：Revit重要功能、工具和参数的详解，配有相关图示或操作步骤，让读者对Revit的必备技术进行全面的学习。

课后习题：全书课后习题为洋房的模型拆分（组合起来就是洋房的整体建模），每一个课后习题都对应特定的Revit功能，通过课后习题的练习，读者可以对所学的Revit功能活学活用，实现学以致用的目标。另外，针对特定功能，本书配有课后习题文件。

技巧与提示：作者根据多年的行业经验总结出来的操作技巧和BIM建模中需要注意的地方，这些小提示可以对读者的学习起到事半功倍的作用。

本书能顺利出版，少不了业内相关人士的帮助和支持，在此表示感谢。由于编者水平有限，书中难免存在不妥之处，敬请广大读者批评指正。若读者在学习过程中遇到问题和困难，欢迎与我们联系，我们将竭诚为广大读者服务。

编者

资源与支持

本书由数艺社出品，"数艺社"社区平台（www.shuyishe.com）为您提供后续服务。

配套资源

实例文件（课堂案例、课堂练习、课后习题）　　在线教学视频（课堂案例、课堂练习、课后习题）

教学大纲、PPT教学课件　　　　　BIM技能考试二级（建筑）模拟试题　　　　5个试卷答案模型

资源获取请扫码

"数艺社"社区平台	为艺术设计从业者提供专业的教育产品

与我们联系

我们的联系邮箱是 szys@ptpress.com.cn。如果您对本书有任何疑问或建议，请您发邮件给我们，并请在邮件标题中注明本书书名以及ISBN，以便我们更高效地做出反馈。

如果您有兴趣出版图书、录制教学课程，或者参与技术审校等工作，可以发邮件给我们；有意出版图书的作者也可以到"数艺社"社区平台在线提交投稿（直接访问 www.shuyishe.com 即可），如果学校、培训机构或企业，想批量购买本书或数艺社出版的其他图书，也可以发邮件给我们。

如果您在网上发现有针对数艺社出品图书的各种形式的盗版行为，包括对图书全部或部分内容的非授权传播，请您将怀疑有侵权行为的链接通过邮件发给我们。您的这一举动是对作者权益的保护，也是我们持续为您提供有价值的内容的动力之源。

关于数艺社

人民邮电出版社有限公司旗下品牌"数艺社"，专注于专业艺术设计类图书出版，为艺术设计从业者提供专业的图书、U书、课程等教育产品。领域涉及平面、三维、影视、摄影与后期等数字艺术门类；字体设计、品牌设计、色彩设计等设计理论与应用门类；UI设计、电商设计、新媒体设计、游戏设计、交互设计、原型设计等互联网设计门类；环艺设计手绘、插画设计手绘、工业设计手绘等设计手绘门类。更多服务请访问"数艺社"社区平台www.shuyishe.com。我们将提供及时、准确、专业的学习服务。

目 录

第1章

初识Revit 2018

本章将介绍Revit 2018的基础理论知识，包括建模的基本思路、Revit族的分类、建模专业分类。另外，通过本章的学习，读者还可以对Revit 2018的软件界面和模型格式有初步的了解，以便后面的深入学习。

课堂学习目标

- 了解建模的思路
- 了解Revit建模专业的分类
- 了解Revit模型格式
- 了解模型细度（深度）

1.1 Revit建模常识

使用Revit制作建筑模型时，通常遵循"标高轴网→墙→门窗→柱及楼板→屋顶→楼梯→其他构件→场地"这个基本流程。注意，Revit建模是以"搭积木"的方式来操作的，每一个构件就相当于一块积木，可以通过组装构件完成完整的建筑模型制作。

本节内容介绍

名称	作用	重要程度
建模基本思路解析	了解Revit建模基本流程	高
Revit族的分类	了解族类型	中
Revit建模专业分类	了解建模专业类别	中
建模适用范围	了解Revit建模的使用范围	中

1.1.1 建模基本思路解析

在学习Revit建模之前，需要知晓建模的基本过程。下面以图1-1所示的小别墅剖切面视图为例，讲解建筑模型的基本组成和建模的基本过程。

图1-1

> **提示** 这是本书"课堂案例"的参考图。

既然Revit的建模形式为"搭积木"，在拿到该剖面图时，第一时间就应该观察并分析图纸中建筑的构成，如图1-2所示。

玻璃幕墙
屋顶
雨棚
柱
楼梯 墙体 门 楼板 窗

图1-2

将建筑的构件拆分出来后，读者一定要先将标高和轴网绘制好，再去考虑创建建筑的构件，具体顺序如下。

第1步：创建墙体。

第2步：创建门窗。

第3步：创建楼板及柱。

第4步：创建屋面。

第5步：创建其他构件，例如雨棚、玻璃幕墙等。

第6步：创建地形和景观。

这是使用Revit创建建筑模型的常规顺序，按此步骤完成的效果如图1-3所示。

图1-3

1.1.2 Revit族的分类

通过上一节建模思路的介绍，可以看出一个建筑有很多门和窗，门窗的外形和大小也不尽相同。为了方便建模，Revit将构件按类型划分为"族"。同类的构件属于同一个"族"，例如"门族""窗族"等。有了"族"的划分，用户可以直接根据构件的类型从"族"中选择对应的构件，通过拼装和组合创建完整的模型。

在Revit 2018中，族可分为"内置族"和"可载入族"两类。其中，"内置族"只能在当前项目中使用，不具有可传递性，例如内建模型等；"可载入族"可以载入任意项目中使用，具有可传递性，例如"门族""窗族"等。

> **提示** 这里仅仅简单介绍一下"族"的相关概念，关于"族"的具体使用方法，在后面的内容中会进行详细讲解。

1.1.3 Revit建模专业分类

Revit的功能非常强大，其建模专业可以划分为"结构""建筑"和"机电"3个。其中，"结构"专业主要包括主体结构的受力构件、可绘制钢筋等；"建筑"专业包含各类非结构构件，主要表现建筑形式等；"机电"专业包含各系统管线绘制，主要用于管线优化和综合。

> **提示** 读者在学习Revit建模时，建议从"建筑"入门，掌握软件各类建模方式，以便于在学习"结构"和"机电"建模时能快速上手。

1.1.4 建模适用范围

Revit 2018的功能虽然非常强大，但它主要用于"房建项目"和部分结构较为简单的"桥梁隧道"工程，例如小区高层建筑、别墅等。另外，Revit暂时不适用于某些项目，如市政项目、钢结构等，虽然Revit能做这些类型项目的建模工作，但局限性很强，尤其在细部表达上显得不足。

> **提示** 这里说明一下，市政项目常用Civil 3D和InfraWorks来处理，钢结构常用Tekla来处理，曲面构件建模常用Rhino和Revit搭配处理。

1.2 Revit 2018的基本功能

本节主要介绍Revit 2018的工作界面，通过本节，希望读者对Revit 2018的工作界面有一个基本认识，且能掌握相关的基础操作。另外，本节还将介绍Revit模型的格式。

本节内容介绍

名称	作用	重要程度
认识Revit 2018的工作界面	了解Revit 2018的工作界面	中
Revit 2018的视图操作	掌握Revit的视图操作	高

1.2.1 认识Revit 2018的工作界面

打开Revit 2018，其工作界面如图1-4所示，将其按区域划分，可分为"打开或新建项目""最近使用项目文件""应用菜单及选项卡""打开或新建族""最近使用族"和"帮助栏"。

图1-4

13

双击"建筑样板"，进入建模视图，其工作界面划分如图1-5所示。

图1-5

1.2.2 Revit 2018的视图操作

Revit 2018的操作界面看似复杂，其操作方式都是比较类似的，因此本节主要介绍常规的视图操作，对于其他操作，在后面介绍Revit的具体功能时会通过步骤进行讲解。

1. 视图详细程度

视图控制栏中的"视图详细程度"提供了3类显示方式，分别是"精细""中等"和"粗略"，通过设置视图详细程度可以控制模型的显示精细程度，满足不同状态下的模型表现，如图1-6所示。

图1-6

2. 视觉样式

视图控制栏中的"视觉样式"用于控制模型在视图中的显示方式。Revit 2018提供了6种视觉样式，如图1-7所示，分别是"线框""隐藏线""着色""一致的颜色""真实"和"光线追踪"，Revit模型显示的真实效果按上述顺序逐渐增强。注

意，在显示效果增强的同时，计算机的资源消耗会同时增大，因此，合理设置视觉样式，可以使操作相对流畅。

图1-7

3. 视图的缩放/平移/旋转

作为一款三维软件，自然存在模型各个视图的操作。

缩放视图：缩放视图的方法有两种，第1种是在三维视图中直接滚动鼠标滚轮；第2种是按住Ctrl键的同时按住鼠标滚轮（中键），然后上下拖曳鼠标。

平移视图：按住鼠标中键，拖曳鼠标。

旋转视图：按住Shift键，然后按住鼠标中键，拖曳鼠标。

> **提示** 读者可以在Revit中打开学习资源中的任意文件，然后切换到三维视图，根据上述方式练习Revit的视图操作。

4. 三维视图的切换

使用视图右上角的ViewCube工具可以进行三维视图的切换，操作方法非常简单，使用鼠标单击对应的方位即可完成各个视图的切换，如图1-8所示。

图1-8

5. 视图导航

在"视图"选项卡中单击"用户界面"的下拉菜单，然后勾选"导航栏"选项，视图中会出现视图"导航栏"，如图1-9所示。

图1-9

单击"控制盘"选项，视图中会出现导航控制盘，它会跟随光标移动，用户通过移动鼠标指针到导航盘中任意命名位置，按住鼠标左键即可执行相应的操作，如图1-10所示。

图1-10

1.3 模型文件格式和模型细度

在Revit建模中，模型的文件格式和模型的细度直接影响模型的后期应用，不同的应用对模型的文件格式和模型细度有不同的要求。

本节内容介绍

名称	作用	重要程度
模型文件格式	了解常用模型格式	高
模型细度概述	了解模型细度的概念	中

1.3.1 模型文件格式

根据Revit模型的作用，Revit的模型文件可以分为Revit内部模型文件、Revit导出文件和Revit链接/导入文件。

1. Revit内部文件格式

Revit内部模型文件主要有4种，即项目文件、族文件、项目样板文件和族样板文件，其对应格式分别为.rvt（项目文件）、.rfa（族文件）、.rte（项目样板文件）和.rft（族样板文件）。其中，项目样板文件用于创建新的项目，族样板文件用于创建新的族。下面介绍样板文件的新建与保存。

第1步：打开Revit 2018，然后选择"新建"选项，接着选择"建筑样板"选项，单击"确定"按钮 确定 ，即可创建样板文件，如图1-11所示。

图1-11

第2步：执行"文件>另存为>样板"命令，如图1-12所示；然后在弹出的"另存为"对话框中设置文件名和文件类型，即可保存样板文件，如图1-13所示。

图1-12

图1-13

2. Revit导出文件格式

Revit能导出的模型格式有.ifc和.nwc等。另外，在有其他Revit插件安装的条件下，系统可以导出其他类型的格式。在模型创建完成后，执行"文件>导出"命令，然后选择对应的格式，如图1-14所示，可将对象导出为相应文件。

图1-14

3. Revit链接/导入文件格式

同其他Autodesk的软件一样，Revit 2018的工程文件可以加入外部文件。在Revit 2018中，将外部文件加入项目文件的方法有两种，即"插入"选项卡中的"链接"和"导入"命令栏，如图1-15所示。注意，这两者有本质的区别。

图1-15

重要命令介绍

链接：将外部文件和Revit项目文件进行关联，外部文件不属于项目文件，只相当于项目的参照文件；当外部文件发生修改时，Revit项目内的"参照文件"会自动进行更新。

导入：将外部文件直接载入Revit项目文件，直接将外部文件作为项目文件的一个组或块，当外部文件发生修改时，Revit不会自动更新。

为了方便读者理解，这里举一个简单的例子。

如果将机电模型链接到土建模型，土建模型将机电模型作为外部参照，建立链接关系后，当修改外部机电模型时，链接进来的文件会随之更新，不必再重复链接。如果将机电模型导入土建模型，机电模型就为土建模型中的一个组，当外部的机电模型修改时，Revit内部不会发生更新，如果想使用修改后的机电模型，就需要重新导入。

> **提示** 当需要向其他单位提交模型时，如果为"链接"方式，就需要将机电模型源文件一并提交，否则在Revit土建模型中无法显示机电模型；如果为"导入"方式，就不需要再提交机电模型源文件。

在Revit 2018中，能链接到Revit项目中的模型文件格式包含.rvt（Revit项目文件）、.ifc、.dwg/dxf（CAD图纸）、.skp（SketchUp文件）、.sat（ACIS文件）和.nwd/nwc（Navisworks文件）。

> **提示** .ifc格式是行业基础类的文件格式，是由国际协同工作联盟组织制定的建筑工程数据交换标准，主要为不同软件应用程序之间的协同问题提供解决方案。

注意，链接Navisworks文件是Revit 2018的新功能。选择"插入"选项卡，然后在"链接"命令栏中选择"协调模型"命令，如图1-16所示；接着在弹出的"协调模型"对话框中单击"添加"按钮 添加(D)...，如图1-17所示；在弹出的"选择文件"对话框中选择需要链接的Navisworks文件，并单击"打开"按钮 打开(O)，如图1-18所示；最后在"协调模型"对话框中单击"确定"按钮 确定(O)，如图1-19所示。

图1-16

图1-17

图1-18

图1-19

在Revit 2018中，能导入的模型文件格式包含.dwg/dxf（CAD图纸）、.skp（SketchUp文件）、.3dm

（Rhino文件）和.sat（ACIS SAT文件），具体操作方法如图1-20和图1-21所示。

图1-20

图1-21

1.3.2 模型细度概述

模型细度（深度）表示模型的细致程度或详细程度，国内目前没有统一的模型深度标准，这里主要介绍"美国建筑师协会（AIA）"定义的LOD（level of details）等级和国内部分机构定义的L1~L4等级。

1. LOD等级

AIA定义的LOD等级分为5个层次，范围为100~500。

LOD100：等同于概念设计，此阶段的模型通常可以表现建筑整体类型，用于分析建筑体量模型，分析内容包括体积、建筑朝向、每平方造价等。

LOD200：等同于方案设计或扩初设计，此阶段的模型包含普遍性系统，主要包括大致的数量、大小、形状、位置和方向等。LOD200模型通常用于系统分析和一般性表现。

LOD300：模型单元等同于传统施工图和深化施工图层次。此模型已经能很好地用于成本估算，以和施工协调，包括碰撞检查、施工进度计划和可视化等。LOD300模型应当包含业主在BIM提交标准里规定的构件属性和参数等信息。

LOD400：此阶段的模型被认为可以用于模型单元的加工和安装，更多地被专门的承包商和制造商用于加工和制造项目的构件，包括预制构件、水电暖系统等。

LOD500：最终阶段的模型，用于表现项目竣工的情形。此模型将作为中心数据库被整合到建筑运营和维护系统中去，包含业主BIM提交说明中制定的完整构件参数和属性。

2. L等级

国内部分机构定义的模型细度（深度）L等级分4个级别，即L1~L4。

L1：概念级，用于项目规划设计。此阶段的模型要求具备基本形状、粗略的尺寸和形状，包含非几何数据，仅有线、面积和位置等。

L2：方案级，用于项目初步设计。此阶段的模型要求具备近似的几何尺寸、形体和方向，能反映物体大致的几何特性，其主要外观尺寸不得变更，细部尺寸可调整，构件宜包含几何尺寸、材质和产品信息，例如电压、功率等。

L3：设计级，用于施工图设计。此阶段的模型要求物体主要组成部分必须在几何上表述准确，能够反映物体的实际外形，保证不会在施工模拟和碰撞检测中产生错误判断，构件应包含几何尺寸、材质和产品信息等。注意，该模型的信息量应与施工图设计完成时的CAD图纸保持一致。

L4：施工级，用于施工图深化。此阶段的模型要求具备详细的模型实体、最终确定的模型尺寸，用户能够根据该模型进行构件的加工制造，构件除包括几何尺寸、材质、产品信息外，还应附加模型的施工信息，包含生产、运输和安装等方面。

提示 在项目实际应用中，首要任务就是根据项目的要求，确定模型的建模细度（深度），避免在模型完成后，其细度（深度）不足造成模型返工，或模型建模过细造成人员、设备、时间、成本的浪费。另外，对于以上模型细度（深度）等级，读者也不必生搬硬套，切记以实际项目为基础，进行适当调整，让BIM适应不同类型的项目。

第2章

Revit建模的前期工作

本章将介绍Revit的样板文件、族、标高和轴网。通过对本章的学习，读者应该掌握Revit 2018项目文件的创建方法、标高和轴网的概念以及绘制它们的具体方法和具体思路。

课堂学习目标

- 掌握Revit的建筑样板
- 掌握Revit的族库
- 掌握标高的绘制方法
- 掌握标高的编辑方法
- 掌握轴网的绘制方法
- 掌握轴网的编辑方法

2.1 Revit样板和族库

Revit 2018拥有自带的项目样板和族库，族库有常用的族文件。项目样板文件用于快速创建空白项目，族库则提供项目建模常用的族文件。样板文件也可根据需求制作，如果族库没有需要的族，用户可以通过族样板自制族。

本节内容介绍

名称	作用	重要程度
Revit样板	创建空白项目	高
Revit族库	提供常用的族	中

2.1.1 课堂案例：创建空白项目

实例位置　实例文件>CH02>课堂案例：创建空白项目.rvt
视频文件　课堂案例：创建空白项目.mp4
学习目标　掌握创建建筑样板的方法

从本案例开始，全书所有的课堂案例均在围绕一个小别墅模型操作，通过全书所有的课堂案例，读者可以完成小别墅的整体建模。本例主要介绍如何创立初始的建筑样板项目。

01 启动Revit 2018，然后执行"文件>新建>项目"菜单栏，如图2-1所示；接着在弹出的"新建项目"对话框中设置"样板文件"为"建筑样板"，最后单击"确定"按钮，如图2-2所示。

图2-1

图2-2

提示　如果读者在操作本步骤时，发现"新建项目"的"样板文件"中没有样板选项，说明Revit的安装不完全。这时可以导入完整的文件夹，也可以卸载Revit 2018后重新安装，安装过程中务必联网。另外，在卸载Revit 2018时，千万不要直接删除或使用其他软件进行卸载，建议使用"开始"栏中Autodesk文件夹中的Uninstall Tool进行卸载，如图2-3所示。

图2-3

02 创建完成后，单击标题栏的"保存"按钮或按快捷键Ctrl+S，打开"另存为"对话框，然后单击"选项"按钮，接着在"文件保存选项"对话框中设置"最大备份数"为3，并单击"确定"按钮，最后设置"文件名"，并单击"保存"按钮，如图2-4所示。

图2-4

2.1.2 Revit样板

Revit样板文件分两类：项目样板和族样板。

在使用Revit 2018制作项目之前，都需要选择或制定特定的项目样板，通过项目样板文件可以快速创建需要的空白项目。在项目建模过程中，如果软件自带的族库无法满足建模需求，就需要通过"族样板"自制需求的族构件。

Revit 2018提供的项目样板文件，常用的包括"构造样板""建筑样板""结构样板"和"机械样板"；族样板类型较多，常用的包括公制常规模型和公制轮廓等。执行"文件>选项"菜单命令，如图2-5所示，可以打开"选项"对话框；然后切换到"文件位置"选项卡，界面内容包含默认的项目样板和族样板的路径，如图2-6所示。

图2-5

图2-6

在使用Revit 2018工作前，建议读者设置好样板路径，然后通过➕将自制的样板文件导入到软件中，方便快速通过自制样板文件创建空白项目。

> **提示** Revit 2018自带的项目样板很多时候可能满足不了建筑设计规范的要求，这就需要在项目建模开始前定义好样板，整合项目的度量单位、标高、轴网、线型和可见性等内容；一个好的项目样板是提高项目建模效率的重要手段，所以做好样板对于整个建模而言非常重要。

2.1.3 Revit族库

Revit族库是软件安装时附带的，族库提供了常用的族构件，如门族、窗族等。要在空白项目中载入族文件的方法很简单，在菜单栏执行"插入>插入

族"命令，打开"载入族"对话框，然后在对应的路径中选择族构件文件夹，如图2-7所示。

图2-7

2.2 标高

标高主要用于定义楼层层高和生成平面视图，反映建筑物构件在竖向的定位情况。标高并不是只能表示楼层层高，也可作为临时的定位线条。在本节中，需重点掌握标高的创建、应用和如何生成对应标高平面视图的方法。

本节内容介绍

名称	作用	重要程度
认识标高	掌握标高的图元组成	中
绘制标高	掌握标高的创建方法	高
编辑标高	掌握标高内容的修改方法	高

2.2.1 课堂案例：绘制小别墅的标高

实例位置 实例文件>CH02>课堂案例：绘制小别墅的标高.rvt
视频文件 课堂案例：绘制小别墅的标高.mp4
学习目标 掌握标高的绘制和编辑方法

本例的标高效果如图2-8所示。

图2-8

01 打开学习资源中的"实例文件>CH02>课堂案例：创建空白项目.rvt"文件，下面将在该文件中绘制小别墅的"标高"。在"项目浏览器"中展开"立面（建筑立面）"选项，然后使用鼠标左键双击"南"选项，进入南立面视图，如图2-9所示，图中显示了"标高1"和"标高2"。

图2-9

02 下面修改"标高"名称，分别在"标高1"和"标高2"上双击鼠标左键，然后修改"标高1"为F1、"标高2"为F2，如图2-10所示。

图2-10

> **提示** 在修改"标高"名称时，系统会提示"是否希望重命名相应视图"，选择"是"，如图2-11所示。
>
>
>
> **图2-11**

03 单击F2所在的标高线，然后修改F2的"标高"为3000（此处单位为mm），如图2-12所示，即将第1层（F1）和第2层之间的层高修改为3（此处单位为m），如图2-13所示。

图2-12

图2-13

04 下面创建"标高"F3、F4和F5，标高间距（楼层层高）均为3m。选择F2的标高线进入"修改|标高"选项卡，然后单击"阵列"按钮，接着在"选项栏"中勾选"成组并关联"选项，设置"项目数"为4、"移动到"为"第二个"，并勾选"约束"选项，如图2-14所示；最后单击F2的标高线，并向上拖曳光标，待标高间的数据为3000，如图2-15所示；在空白区域单击鼠标完成创建，效果如图2-16所示。

图2-14

图2-15

图2-16

> **提示** 在创建"标高"时，会出现图2-17所示的情况，文本框中的4表示进行"阵列"处理后，一共生成4个"标高"，也就是额外创建3个"标高"，对应我们前面设置的"项目数"，如果修改为5，将额外创建4个"标高"。
>
> **图2-17**

05 下面创建"标高"-F1-1（室外地坪标高），-F1-1
与"F1"标高间距为200mm。单击F1的标高线进入
"修改|标高"选项卡，然后单击 "复制"按钮，
并在选项栏中勾选"约束"和"多个"选项，如图
2-18所示；接着单击F1的标高线，向下拖曳光标，
最后直接输入200，如图2-19所示；绘制后的效果如
图2-20所示。

图2-18

图2-19

图2-20

> **提示** 完成操作后，可以按Esc键退出"复制"按钮 的
> 激活状态。

06 更改"标高"名称。单击F6，如图2-21所示；然后在
文本框中将名称修改为-F1-1，如图2-22所示。

图2-21　　　　**图**2-22

07 编辑标高。选择标高-F1-1，然后单击"属性"
面板中"标高 正负零标高"后的小三角按钮，接着
选择"下标头"，如图 2-23所示；此时的-F1-1的
"标头"自动旋转到了下方，如图2-24所示。

图2-23

图2-24

08 创建楼层平面。 进入"视图"选项卡，然后执
行"平面视图>楼层平面"命令，如图2-25所示；打
开"新建楼层平面"对话框，按住Ctrl键依次加选-F1-
1 、F3、F4和F5，接着单击"确定"按钮，
如图2-26所示；最后在软件左侧的"项目浏览器"
中展开"楼层平面"视图，发现系统创建了新的楼
层平面F3、F4、F5和-F1-1，且系统自动打开了F5的
平面视图，如图2-27所示。

图2-25

图2-26

图2-27

> **提示** 此时"项目浏览器"中的F5是加粗状态，表示目前打开的"楼层平面"是F5的。

09 在"项目浏览器"中双击"立面（建筑立面）"选项中的"南"视图，打开标高视图，效果如图2-28所示。

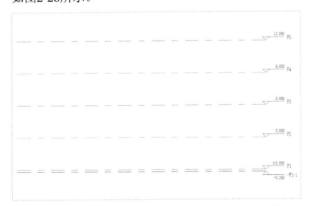

图2-28

2.2.2 认识标高

在"立面"视图中一般会有样板中的默认标高，如前面案例中的"标高1"和"标高2"，单击"标高2"激活相关内容，其各自名称如图2-29所示。另外，本节所有内容均以"标高2"为参考"标高"。

图2-29

标高内容介绍

标高值：表示当前标高距地面的高度，单位默认为m；单击数值，可以修改标高的具体数值，如图2-30和图2-31所示；修改后标高值会自动更新，如图2-32所示。

图2-30　　　　图2-31　　　　图2-32

> **提示** 除了直接修改标高值，还可通过临时尺寸标注修改两个标高间的距离。单击"标高2"，蓝显后在"标高1"与"标高2"间会出现一条蓝色临时尺寸标注，如图2-33所示；此时直接单击临时尺寸上的标注值，即可重新输入新的数值，该值单位为mm，与标高值的单位m不同，注意区别。

图2-33

标高名称：用户可以根据实际项目需求修改其名称。

隐藏编号：如果不勾改选项，标头、标高值和标高名称都将被隐藏。

2.2.3 绘制标高

要在"立面"视图中绘制"标高"，可以进入"建筑"选项卡，然后选择"标高"命令，如图2-34所示；移动光标到视图中"标高2"左端上方，当出现对齐虚线时，单击鼠标左键确认标高起点，如图2-35所示；接着向右拖曳光标，直到再次出现对齐虚线时，单击鼠标左键，如图2-36所示。

图2-34

图2-35

图2-36

> **提示** 创建"标高"时，在选项栏中勾选"创建平面视图"选项，如图2-37所示，系统会自动在"项目浏览器"中生成"楼层平面"视图，否则创建的"标高"为"参照标高"。"标高"作为竖向定位线，在"项目浏览器"中包含"楼层平面""结构平面"和"天花板平面"等视图平面，它们分别为一个视图平面；"参考标高"只是一条参照线而已。

图2-37

2.2.4 编辑标高

高层建筑或复杂建筑可能需要多个高度定位线，虽然可以用前面的方法直接绘制"标高"，但工程师为了提高工作效率，通常会使用"修改|标高"选项卡中的"复制"工具和"阵列"工具来快速绘制"标高"或修改"标高"样式，如图2-38所示。

图2-38

> **提示** 在对指定"标高"选择后，才能进入"修改|标高"选项卡。

1. 复制标高

当选择"复制"工具后，选项栏会出现图2-39所示的选项，用户可以使用这些选项来控制复制的操作方式。

图2-39

复制重要选项介绍

约束：约束移动的方向，使"标高"在复制过程中，仅仅能在水平或垂直一个方向上移动。

多个：如果不勾选该选项，则每次复制一个"标高"后，系统会自动结束复制操作；如果勾选该选项，用户可以连续复制选定的"标高"，并通过按Esc键结束复制。

通常，用户都是保持勾选上述两个选项，然后单击当前选定的"标高"（这里选定为"标高2"）作为起点，接着向上拖曳光标，并直接输入具体高度尺寸，例如1500，如图2-40所示。

图2-40

> **提示** 这里输入的1500表示1500mm，单位默认为mm；"标高值"的单位默认为m，请读者一定要谨记。

2. 阵列标高

使用"阵列"按钮可以一次绘制多个等距的"标高"，选择"阵列"工具后，选项栏会出现图2-41所示的选项，用户可以使用这些选项来控制阵列方式。

图2-41

阵列重要参数介绍

成组并关联：如果勾选该选项，就可以绘制多个"标高"，当前选择的"标高"和新绘制的"标高"关联成组；如果不勾选，只能绘制1个"标高"，且当前选择的"标高"与新绘制的"标高"相互独立。

项目数：设置"标高"阵列中有多少个"标高"。注意，这个数值是包含当前选定"标高"在内的，也就是说实际绘制的"标高"数量要比这个数值少1个，例如选择"标高2"进行阵列，设置"项目数"为3，表示这个阵列中有"标高2""标高3"和"标高4"，新产生的"标高"只有"标高3"和"标高4"两个。

移动到：控制标高值是间距还是所有标高间距之和。

第二个：选择该选项后，在阵列过程中输入或拖动产生的数值是相邻"标高"的间距。图2-42是当前选项下"项目数"为3、数值为3000的效果。

图2-42

最后一个：选择当前选项后，在阵列过程中输入或拖动产生的数值是"标高"阵列中所有"标高"间距的总和。图2-43是当前选项下"项目数"为3、数值为3000的效果。请注意对比图2-42、图2-43的总"标高"和阵列后的"标高"间距。

图2-43

在阵列"标高"的时候，同样要先选择指定"标高"（标高2），然后在"修改|标高"中单击"阵列"按钮 ，然后选择"标高2"，并向上拖曳光标，接着直接输入2000，表示"标高"间距为2000mm，如图2-44所示，最后按Enter键确认；继续输入3，表示阵列中有3个"标高"，即新建两个"标高"，并按Enter键完成绘制，结果如图2-45所示。

图2-44

图2-45

如果这里设置"移动到"为"第一个"，那么结果如图2-46所示。

图2-46

3. 添加楼层平面

当完成"标高"的复制或阵列后，在"项目浏览器"中没有"标高3"与"标高4"的楼层平面，如图2-47所示。因为 Revit 复制的"标高"是参照标高，所以新复制的"标高"标头都是黑色显示的，且在项目浏览器中的"楼层平面"项下不会创建新的平面视图。

图2-47

因此，在复制或阵列"标高"后，需要创建对应的"楼层平面"。进入"视图"选项卡，然后执行"平面视图>楼层平面"命令，如图2-48所示；打开"新建楼层平面"对话框，按住Ctrl键选择新创建的"标高3"和"标高4"，并单击"确定"按钮 确定(O)，如图2-49所示；此时系统会在"项目浏览器"中创建"标高3"和"标高4"的"楼层平面"，如图2-50所示，并自动打开"标高4"的平面视图。

图2-48

图2-49　　　　图2-50

回到"立面"视图，可以发现 "标高3"和"标高4"均为蓝色显示状态，如图2-51所示。

图2-51

2.3 轴网

轴网用于构件定位，在Revit中，轴网确定了一个不可见的工作平面。轴网编号和标高符号样式一样，均可定制修改。Revit 2018可以绘制直线轴网、弧形轴网和折线轴网。轴网只需要在任意一个平面视图中绘制一次，其他平面、立面和剖面视图中都将自动显示。

本节内容介绍

名称	作用	重要程度
认识轴网	掌握轴网的图元组成	中
绘制轴网	掌握轴网的创建方法和编辑方法	高

2.3.1 课堂案例：绘制小别墅的轴网

实例位置　实例文件>CH02>课堂案例：绘制小别墅的轴网.rvt
视频文件　课堂案例：绘制小别墅的轴网.mp4
学习目标　掌握轴网的绘制和编辑方法

本案例小别墅的轴网如图2-52所示。

图2-52

27

01 打开"实例文件>CH02>课堂案例：绘制小别墅的标高.rvt"文件，在"项目浏览器"中双击"楼层平面"中的F1，如图2-53所示。（绘图区的4个圆形图标为立面视图图标，双击图标，可以进入对应的立面视图，查看项目的"标高"。）

图2-53

02 绘制第1条垂直轴线。切换到"建筑"选项卡，然后在"基准"命令栏中选择"轴网"命令，如图2-54所示；接着进入"修改|放置 轴网"选项卡，并选择"线"工具，如图2-55所示；最后在视图范围内单击一点，垂直向下移动光标到合适位置，再次单击鼠标左键，如图2-56所示；绘制的轴线如图2-57所示。

图2-54

图2-55

图2-56   图2-57

03 选中"轴线1"，然后在"属性"面板中选择"编辑类型"选项，打开"类型属性"对话框，接着设置"轴线中段"为"连续"，最后勾选"平面视图轴号端点1（默认）"选项，如图2-58所示，"轴线1"的效果如图2-59所示。（设置中段连续，可以方便后续墙体绘制及其他图元的定位。）

图2-58

图2-59

04 创建纵向的剩余轴线。选中"轴线1",然后在"修改|轴网"选项卡中选择 "复制"工具 ⊑,并勾选"约束"和"多个"选项,如图2-60所示。

图2-60

05 选择"轴线1",然后水平向右拖曳光标,并直接输入间距值为1200,如图2-61所示;接着按 Enter键确认,复制出"轴线2",再向右拖曳光标,保持继续复制,重复前面的步骤,分别输入 4000、500、900、1500、3900、3700和800, 最后按Enter键完成"轴线3"~"轴线9"的绘制,如图2-62所示。

图2-61   图2-62

06 轴号修改。选择"轴线4",待标头文字变为蓝色,修改4为1/3,并按Enter键确认,将轴线4改为"附加轴线",然后选择后面的轴线,修改标头数字为4,接着依次调整剩余的轴线数字,最终效果如图2-63所示。

图2-63

07 绘制水平轴线。同理,使用"线"工具 ✍ 在"轴线1"左侧单击一点,然后水平向右移动光标到"轴线8"右侧合适位置,并再次单击,完成水平轴线创建,如图2-64所示;接着修改"标头"为A,创建"轴线A",如图2-65和图2-66所示。

图2-64

图2-65

图2-66

08 同理,用复制纵轴线的方法创建水平方向的"轴线B"~"轴线J",这里的间距从B~J依次为4500、 1000、500、1400、3100、900、4500、2700和1800,如图2-67所示。

图2-67

09 调整水平"轴网"的"标头",修改"轴线C"为"轴线2/B"、"轴线D"为"轴线C"、"轴线E"为"轴线1/C",并依次调整余下"标头",结果如图2-68所示。

提示 此时,虽然绘制好"轴网",但很多"标头"都是相互交错的,为了方便观察,需要手动调整"标头"位置,满足出图需求。

图2-68

10 移动轴号位置。选择"轴线1/C"的"标头位置调整"位置，然后按住鼠标左键向右拖曳到合适的位置，调整所有"标头"的位置；注意，如果先打开了"标头对齐锁"，再拖曳，即可单独移动一个"标头"的位置，如图2-69所示。

图2-69

11 偏移轴线标头。单击"轴线1/C"添加弯头，如图2-70所示；然后按住鼠标左键拖曳小蓝点，调整轴线标头位置，如图2-71所示；调整后的效果如图2-72所示。

图2-70

图2-71

图2-72

提示 这样就完成了"轴线1/C"标头的调整，读者可以用同样的方法处理其他交错的标头。

12 更改轴线标头的影响范围。选择1/C轴线，然后在"修改|轴网"选项卡中选择"影响范围"命令，如图2-73所示；打开"影响基准范围"对话框，选择需要的平面或立面视图名称，最后单击"确定"按钮 确定(O)，将这些设置应用到其他视图，如图2-74所示。

图2-73

图2-74

13 选中所有轴线，然后切换到"修改|选择多个"选项卡，单击锁定按钮 🖽，如图2-75所示，完成轴网的绘制。

图2-75

2.3.2 认识轴网

轴网是模型平面的定位参照线，中间为点划线，两端为轴线端点。图2-76所示就是轴网图纸。

图2-76

2.3.3 绘制轴网

"轴网"一般是在"楼层平面"视图中绘制，这也是为什么新建"标高"后要创建"楼层平面"，否则无法在对应楼层绘制"轴网"。在绘制"轴网"之前，首先要在"楼层平面"中选择对应的平面，然后在"建筑"选项卡中选择"基准"命令栏的"轴网"命令，如图2-77所示；接着选择"绘制"面板的绘制工具，如图2-78所示；最后在视图范围内单击一点后沿着水平或垂直方拖曳光标绘制即可，当移动光标到合适位置时再次单击鼠标左键，即可完成轴线的绘制，如图2-79所示。（绘制轴网时的实心细线为轴网的角度参照线。）

图2-77

图2-78

图2-79

> **提示** 读者也可以直接在"楼层平面"视图中按快捷键G+R，然后绘制"轴网"。另外，由于编辑"轴网"和编辑"标高"的思路和工具都大同小异，这里不再讲解。

2.4 课堂练习：绘制会所的轴网

实例位置 实例文件>CH02>课堂练习：绘制会所的轴网.rvt
视频文件 课堂练习：绘制会所的轴网.mp4
学习目标 掌握轴网的绘制和编辑方法

本练习的会所轴网图纸如图2-80所示。

图2-80

01 在"项目浏览器"中双击"楼层平面"中的"标高1"视图，打开首层平面视图，如图2-81所示。

图2-81

02 绘制第1条垂直"轴线"。按快捷键G+R，然后在"标高1"视图中选中一个位置，接着向下拖曳光标，如图2-82所示；绘制一条垂直的"轴线1"，如图2-83所示。

图2-82

图2-83

03 选中"轴线1"，然后在"属性"面板中选中"编辑类型"选项，打开"类型属性"对话框，接着设置"轴线中段"为"连续"，最后勾选"平面视图轴号端点1（默认）"选项，并单击"确定"按钮 确定(O)，如图2-84所示，效果如图2-85所示。

图2-84

图2-85

04 绘制剩余垂直轴线。选中"轴线1"，在"修改|轴网"选项卡中单击"复制"按钮，并勾选"约束"和"多个"选项，如图2-86所示。

图2-86

05 在"轴线1"上单击捕捉一点作为复制参考点，然后水平向右移动光标，输入间距值 1200 ，如图2-87所示，并按Enter键确认，得到"轴线2"；接着保持光标位于新复制轴线的右侧，分别输入2400、1800、1800和3000，最后按Enter键确认，得到"轴线3"~"轴线6"，轴号如图2-88所示。

图2-87

图2-88

06 用同样的方法绘制7条水平轴线，并命名为"轴线A"~"轴线G"，间距依次为1800、1200、3000、1200、1200和1200，如图2-89所示。

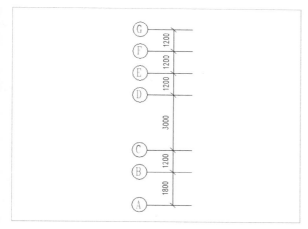

图2-89

提示 绘制完"轴网"后，需要在平面图和立面视图中手动调整轴线的标头位置，以满足出图需求。

07 调整标头位置。选择"轴线4"，然后打开"标头对齐锁"，接着取消表头显示，最后拖曳蓝色小点，如图2-90所示；调整"轴线4"到"轴线D"处，如图2-91所示。

图2-90

图2-91

08 用同样的方法完成其他轴线的调整，最终效果如图2-92所示。

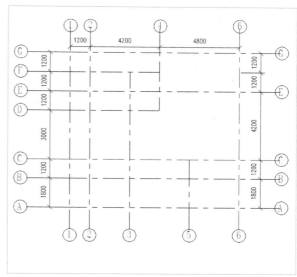

图2-92

2.5 课后习题

为了读者能更熟练地掌握"轴网"和"标高"的绘制，下面给出两个习题，请读者认真练习。

2.5.1 课后习题：绘制小洋房的标高

实例位置　实例文件>CH02>课后习题：绘制小洋房的标高.rvt
视频文件　课后习题：绘制小洋房的标高.mp4
学习目标　掌握标高的绘制和编辑方法

本习题的最终参考效果如图2-93所示。

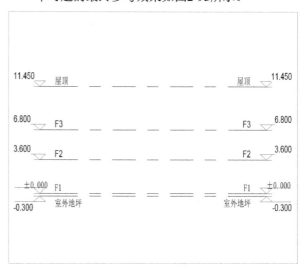

图2-93

2.5.2 课后习题：绘制轴网

实例位置　实例文件>CH02>课后习题：绘制轴网.rvt
视频文件　课后习题：绘制轴网.mp4
学习目标　掌握轴网的绘制和编辑方法

使用上一个"课后习题"文件完成练习（后续习题一样），本习题的最终参考效果如图2-94所示。

图2-94

第3章
墙体

本章将介绍Revit 2018中墙体的基本概念和绘制，Revit中墙体包括基本墙、叠层墙和幕墙。通过对本章的学习，读者可以根据轴网快速地创建需要的墙体。

课堂学习目标

- 了解墙体的基本概念
- 掌握墙体的组成结构
- 掌握墙体的基本绘制方法
- 掌握幕墙的概念和绘制方法
- 掌握墙体的准确定位方法

3.1 墙体的基本概念

随着高层建筑的不断涌现，幕墙以及异形墙体的应用越来越多，单纯的二维展示已不能满足应用要求，这时候就可以通过Revit有效地建立三维模型。

本节内容介绍

名称	作用	重要程度
认识墙体	理解Revit墙体的概念	中
墙体重要参数	掌握墙的各项参数的作用	高

3.1.1 课堂案例：绘制小别墅的一层墙体

实例位置　实例文件>CH03>课堂案例：绘制小别墅的一层墙体.rvt
视频文件　课堂案例：绘制小别墅的一层墙体.mp4
学习目标　掌握建筑墙体的绘制方法

小别墅墙体效果如图3-1所示。

图3-1

01 新建墙类型。打开 "实例文件>CH02>课堂案例：绘制小别墅的轴网.rvt"文件，然后在"项目浏览器"中双击F1，进入一层平面视图，接着在"建筑"选项卡中执行"墙>墙:建筑"命令（快捷键为

W+A），激活墙体绘制功能，如图3-2所示；再在"属性"框的"类型选择器"中选择"基本墙 常规-200mm"，并选择"编辑类型"选项，打开"类型属性"对话框，单击"复制"按钮 复制(D)...，并设置"名称"为"外墙-饰面砖-240"，单击"确定"按钮 确定，如图3-3所示。

图3-2

图3-3

02 设置墙层和各墙层材质等参数。单击"类型属性"对话框中的"编辑"按钮 编辑... ，打开"编辑部件"对话框，然后单击"插入"按钮 插入(I)，如图3-4所示；插入4层新的墙层，接着通过"向上"按钮 向上(U) 和"向下"按钮 向下(O) 调整墙层位置，如图3-5所示。

图3-4

图3-5

03 单击"功能"栏各墙层右侧的倒三角,设置各墙层的"功能"和"厚度",并单击"材质"按钮□,如图3-6所示;然后打开"材质浏览器"对话框,在"创建并复制材质"中选择"新建材质",新创建"默认为新材质",如图3-7所示。

图3-6

图3-7

04 在"默认为新材质"上单击鼠标右键,然后选择"重命名"选项,如图3-8所示;将新材质命名为"外装饰红砖",接着单击"打开/关闭资源浏览器"按钮□,打开"资源浏览器"对话框,再在搜索框输入"砖",选择"不均匀顺砌-紫红色"材质,最后单击"确定"按钮 确定 ,如图3-9所示。

图3-8

图3-9

05 按同样的方法设置其他墙层的材质,如图3-10所示,设置完成后单击"确定"按钮 确定 ,完成新建墙"外墙-饰面砖-240"的创建。

图3-10

06 用前面的方法创建小别墅其他墙类型。"外墙-灰白色漆-240""内墙-200"和"内墙-100"的参数设置如图3-11~图3-13所示。

图3-11

图3-12

图3-13

07 设置一层墙体实例参数。在"建筑"选项卡中执行"墙>墙:建筑"命令，激活墙体绘制功能，然后在"属性"面板中选择"外墙-饰面砖-240"，接

着设置"定位线"为"墙中心线"、"底部约束"为F1、"底部偏移"为100、"顶部约束"为"直到标高:F2"，如图3-14所示。

图3-14

08 绘制墙体。在"修改|放置 墙"选项卡中选择"线"工具，如图3-15所示；然后使用鼠标左键捕捉H轴和2轴交点为绘制墙体起点，接着将光标水平向右移动到8轴并单击，再垂直向下移动光标并单击G轴，最后依次捕捉G轴和7轴交点、E轴和7轴交点等，外墙效果如图3-16所示。

图3-15

图3-16

09 绘制一层内墙。执行"墙>墙:建筑"命令，激活墙体绘制功能，然后在"属性"面板中选择"内墙-200"，接着设置图3-17所示的参数，最

后绘制图3-18所示的 "内墙-200"。

图3-17

图3-18

10 同样，激活墙体绘制功能，然后在 "属性" 面板中选择 "内墙-100"，设置与 "内墙-200" 相同的参数，然后绘制图3-19所示的 "内墙-100"。

图3-19

11 绘制首层幕墙。按快捷键W+A激活墙体绘制功能，然后在 "属性" 面板中选择 "幕墙"，接着选择 "编辑类型" 选项；打开 "类型属性" 对话框，单击 "复制" 按钮 复制(D)... ，新建 "幕墙" 类型，并设置 "名称" 为 "幕墙-1"，最后单击 "确定" 按钮 确定 ，如图3-20所示。

图3-20

12 设置 "幕墙-1" 的 "属性" 面板和 "类型属性" 的参数，如图3-21和图3-22所示。

图3-21

图3-22

13 选择"线"工具，接着使用鼠标左键捕捉B轴和2轴交点为绘制幕墙起点，再垂直向下捕捉A轴和2轴交点，最后水平向右拖曳光标，并输入2000，完成首层幕墙绘制，如图3-23所示。绘制后的墙体平面图和三维视图如图3-24和图3-25所示。

图3-23

图3-24

图3-25

3.1.2 认识墙体

墙体作为建筑设计中的重要组成部分，在实际工程中可根据材质、功能分为多种类型，如隔墙、防火墙、叠层墙、复合墙和幕墙等。因此，在绘制墙体时，需要综合考虑墙体的高度、厚度、构造做法、图纸粗略、精细程度的显示和内外墙体的区别等问题。

在Revit 2018中，"墙"分为"墙:建筑""墙:结构""面墙""墙:饰条"和"墙:分隔条"5种类型，如图3-26所示。

图3-26

墙重要命令介绍

墙:建筑：主要是用于分割空间，没有承重作用。

墙:结构：主要用于创建建筑中的承重墙或剪力墙。

面墙：主要用于使用体量或常规模型来创建墙面。

墙:饰条：可以根据路径拉伸轮廓来创建墙体，常用于向墙中添加踢脚板、冠顶饰或其他类型的装饰，如图3-27所示。

墙:分隔条：将装饰用水平或垂直剪切添加到立面视图或三维视图中的墙，如图3-28所示。

图3-27

图3-28

> **提示** "墙:饰条"和"墙:分隔条"只有在三维视图和立面图中才能激活，主要在墙体绘制完后添加。

进入任意平面视图，在"建筑"选项卡中执行"墙>墙:建筑"命令，激活墙体绘制功能，如图3-29所示；然后单击选择"属性"面板中的"编辑类型"选项，打开"类型属性"对话框，接着打开"族"的下拉菜单，如图3-30所示。Revit墙的"系统族"分为"叠层墙""基本墙"和"幕墙"3类，建模过程中设置的所有不同类型的墙都属于这3类墙。

图3-29

图3-30

提示 在后面的内容中会详细介绍这3类墙体的区别和作用。

3.1.3 墙体重要参数

进入"建筑"选项卡,然后执行"墙>墙:建筑"命令,激活墙体绘制功能,接着进入"修改|放置 墙"选项卡,面板中会出现墙体的"绘制"方式,选项栏也发生了对应变化,如图3-31所示;同时,"属性"面板也会出现墙的各类参数,如图3-32所示,选项栏也变为墙体设置选项栏。

图3-31

图3-32

绘制墙体需要先选择绘制方式,如"线"工具、"矩形"工具⬚、"多边形"工具⬠⬡、"圆形"工

具⬭和"弧形"工具⌒⌒⌒等。如果有导入的二维平面图(.dwg)作为底图,则可以先选择"拾取线"工具,然后拾取平面图的墙线,系统会自动生成Revit墙体。另外,利用"拾取面"工具可以拾取体量的面生成墙。

例如,选择矩形进行绘制。进入"建筑"选项卡,然后执行"墙>墙:建筑"命令,激活墙体绘制功能,接着进入"修改|放置 墙"选项卡,面板中会出现墙体的"绘制"方式,选择"矩形"工具⬚,如图3-33所示。

图3-33

在绘图区域创建任意矩形,即完成创建。效果如图3-34所示。其他绘制方式类似。

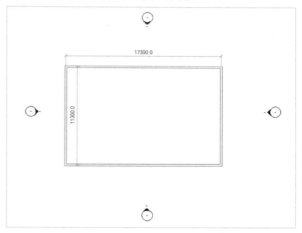

图3-34

1. 放置墙选项栏

当设置好绘制方式后,就要设置有关墙体的参数属性,如图3-35所示。注意,下列参数介绍顺序以设置先后或绘制复杂程度进行编排。

图3-35

放置墙重要参数介绍

高度/深度:从当前视图向上/向下延伸墙体,如图3-36所示。

图3-36

未连接：该下拉菜单选项中还包含各个标高楼层，后面的具体数字表示墙体的高度，在绘制时可以输入要求的数值，完成绘制后也可以在"属性"面板中进行调整，如图3-37所示。

图3-37

链 ☑ 链：墙体是一段一段绘制的，勾选"链"后，可以连续绘制墙体。

偏移：表示绘制墙体时，墙体距离捕捉点的距离，例如设置"偏移"为500，当绘制墙体时捕捉轴线，如图3-38所示，绘制的墙体中心线距离轴线500mm，如图3-39所示。

图3-38

图3-39

连接状态：有"允许"和"不允许"两个选项，如图3-40所示。设置为"允许"，转角处的墙体会自动连接；设置为"不允许"，转角处的墙体不连接，如图3-41所示。系统默认为"允许"。

图3-40

图3-41

半径：勾选该选项后，两面直墙在转角处相连不是直角，而是根据设定的半径值自动生成圆弧墙。注意，"连接状态"为"允许"状态才能绘制"半径"墙体，如图3-42所示。

图3-42

> **提示** 圆弧半径不能超过任意一边墙的长度，墙转角一般也为小弧度，因为不会出现转角为大幅度的墙，另外，半径太大，无法使图元保持连接。

定位线：表示绘制墙体时，以墙体截面的某一定位线为基准进行绘制，例如设置"定位线"为"墙中心线"，则以墙中心线为定位进行创建。"定位线"共分6种，如图3-43所示，定位效果如图3-44所示。

图3-43

图3-44

2. 墙体属性

在绘制墙体时，视图左侧"属性"面板如图3-45所示。"属性"面板主要用于墙体的参数修改，在绘制时或墙被选中时均可进行设置，其部分参数与选项栏的一致。

墙体属性重要参数介绍

定位线：同选项栏中的"定位线"相同。在Revit中，墙的核心层是指其主结构层，图3-46中的"结构[1]"即为核心层。注意，在简单的墙中，只有核心层无其他层时，"墙中心线"和"核心层中心线"将会重合，而它们在复合墙和叠层墙中可能会不同，如图3-47所示。

图3-45

图3-46

图3-47

底部约束/顶部约束：表示墙体上下的约束范围，如设置"底部约束"为"F1"、"顶部约束"为"F2"，墙体高度即为其楼层的"标高"。

底部偏移/顶部偏移：在约束范围的前提下，可上下微调墙体的高度。例如，设置"底部偏移"为500，表示墙体底部向上减少500mm，如图3-48所示；"顶部偏移"同理。注意，+为向上偏移，－为向下偏移。

图3-48

无连接高度：当"顶部约束"设置为"未连接"时，墙体顶部不选择"顶部约束"条件，用户可手动调整墙体高度，如图3-49所示。

顶部约束	未连接
无连接高度	4000.0

图3-49

房间边界：在绘制墙时，默认为勾选。其作用是在计算房间的面积、周长和体积时，Revit会使用墙体作为房间的边界，然后进行计算。

结构：表示该墙是否为结构墙，勾选后，可用于后期做受力分析等。

3. 墙体类型属性

选择"属性"（实例属性）面板的"编辑类型"，打开"类型属性"对话框，如图3-50所示。墙的"类型属性"对话框主要用于新建墙类型、设置材质和墙层等墙属性。

图3-50

墙体类型重要参数介绍

复制：可复制"系统族:基本墙"下不同类型的墙体，复制出的墙体为新的墙体；新建的墙体可编辑构造"结构"，从而形成需要的墙类型。

重命名：可修改"类型"中的墙名称。注意，这里不会生成新的墙，只是更换同一墙体的名称。

结构：用于设置墙体的结构构造，单击"编辑"按钮 ⟨ 编辑... ⟩，如图3-51所示；打开"编辑部件"对话框，如图3-52所示，"内部边"和"外部边"表示墙的内外两侧。

图3-51

图3-52

> **提示** 用户可根据需要添加墙体的内部结构构造层，单击"编辑部件"对话框上的"插入"按钮 ⟨ 插入(I) ⟩ 即可插入墙构造层，单击"向上"按钮 ⟨ 向上(U) ⟩ 或"向下"按钮 ⟨ 向下(O) ⟩ 可以调整构造层位置，单击"材质"按钮 ⟨...⟩ 可以调整材质或新建材质。

默认包络："包络"指的是墙的非核心构造层在断开点处的处理办法，仅对"编辑部件"对话框中勾选了"包络"的构造层进行包络。包络形式有3类，如图3-53所示，且只在墙开放的断点处进行包络。内部包络和外部包络效果如图3-54所示。另外，绘制墙体时一般不需设置包络。

图3-53

包络：外部

包络：内部

图3-54

> **提示** Revit墙体建模过程中，墙体分"墙内"和"墙外"，绘制时，一般顺时针绘制墙，其外部面（面层面：外部）默认情况下位于外部。

3.2 叠层墙/基本墙/幕墙

在Revit中，墙体分为"叠层墙""基本墙"和"幕墙"3类，本节将介绍其构成和参数设置。

本节内容介绍

名称	作用	重要程度
基本墙	基本墙体分类	中
叠层墙	理解叠层墙的基本设置	中
幕墙	了解幕墙的基本组成和竖框、嵌板的设置	中

3.2.1 基本墙

基本墙包含简单墙体和复合墙体。简单墙体的墙体构造层只有一层，即核心边界内的墙层，例如砖墙、空心砌块墙等，如图3-55所示。

图3-55

复合墙体的墙体有多个构造层，如有保温的墙等。在墙体各构造层单击"材质"按钮，可以调整材质或新建材质，如图3-56和图3-57所示。

图3-56

图3-57

3.2.2 叠层墙

叠层墙由不同的材质、类型的墙在不同的高度叠加而成。（同一面墙上下构成不一样时即通过叠层墙实现，如下半部分为砼结构、上半部分为砖砌体，如上下墙厚度不一样。）要绘制叠层墙，首先要在"建筑"选项卡中激活墙体绘制功能，如图3-58所示；接着在"属性"栏中选中叠层墙，选择"编辑类型"，打开"类型属性"对话框，单击"复制"按钮 复制(D)... 新建叠层墙，命名为"自建叠层墙"，单击"确定"按钮 确定 ，如图3-59所示。

图3-58

图3-59

继续单击"类型属性"对话框中的"编辑"按钮 编辑... ，打开"编辑部件"对话框，如图3-60所示。其中墙1和墙2均来自"基本墙"，因此没有的墙类型要在"基本墙"中新建墙体后才能添加到叠层墙中。

图3-60

> **提示** 单击"预览"按钮 预览 >> (P) 可打开左侧预览框，再次单击"预览"按钮则关闭预览框；单击"插入"按钮 插入(I) 即可插入新的墙段；单击"向上"按钮 向上(U) 或"向下"按钮 向下(O) 调整墙段位置。注意，在叠层墙中，只有一个墙段可设置成"可变"。

3.2.3 幕墙

在Revit中，幕墙可单独作为墙体，也可在原有基本墙处绘制，且需要设置幕墙嵌入主体。另外，幕墙为非承载构件。

1. 幕墙的组成和类型

在Revit中，幕墙由"网格线""竖梃"和"嵌板"组成，如图3-61所示。

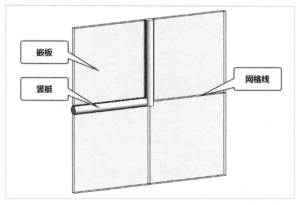

图3-61

幕墙结构介绍

网格线：将整面幕墙划分成若干个小的单元，每一个单元即为嵌板，且网格线定义竖梃的位置。

竖梃：幕墙中分割相邻单元的结构构件。

嵌板：组成整个幕墙的每一个面单元，常用的嵌板有"玻璃嵌板"。

2. 幕墙的属性和类型属性

在Revit中，幕墙绘制系统提供了3种基本的幕墙："幕墙""外部玻璃"和"店面"，如图3-62所示。

幕墙　　　　　　　外部玻璃　　　　　　店面

图3-62

幕墙绘制类型介绍

幕墙：没有网格和竖梃，这类幕墙灵活性最强，可根据需求添加网格线和竖梃。

外部玻璃/店面：拥有预设好的网格线，无竖梃，若不满足需求可调整网格规则。

"幕墙"的绘制同前面的墙的绘制类似，只是在属性设置上有些差别。下面介绍幕墙的"属性"面板和"类型属性"参数。

"幕墙"的"属性"面板和"类型属性"对话框如图3-63所示。为了便于读者掌握幕墙的绘制，下面介绍参数的顺序根据绘制方法进行排列。

图3-63

重要参数介绍

对正：设置网格线的起点、终点或中心为起始点，如图3-64所示。"起点"表示以绘制起始点作为第一块嵌板，向结束点按规则出现网格线；"终点"表示以绘

制结束点为第一块嵌板，向起始点按规则出现网格线；"中心"表示以整个幕墙的中心线为网格线起始点，按规则出现网格线，对正效果如图3-65所示。

图3-64

起点　　　　　　　终点　　　　　　　中心

图3-65

> **提示**　"垂直网格"和"水平网格"的参数原理相同，在举例说明的时候均使用"垂直网格"。

角度：表示网格线按设置的角度进行旋转。选中绘制好的幕墙，将"角度"数值改为30，如图3-66所示。另外，网格线角度也可在绘制幕墙时进行设置。

图3-66

自动嵌入：控制绘制时幕墙是否嵌入其他主体，这里主要指其他墙体。勾选时，幕墙嵌入墙体，如图3-67所示。

间距：表示相邻网格线的距离，包含"无""固定距离""固定数量""最大间距"和"最小间距"5种，如图3-69所示。

图3-69

垂直竖梃：包含"内部类型""边界1类型"和"边界2类型"，其中"内部类型"指除边框外的竖梃类型，"边界1类型"指起始边的竖梃类型，"边界2类型"指结束边的竖梃类型。单击"内部类型"右侧的倒三角，选择"圆形竖梃：50mm半径"，然后设置"边界1类型"和"边界2类型"，如图3-70所示。

图3-70

自动嵌入：未勾选　　　自动嵌入：勾选

图3-67

幕墙嵌板：用于设置嵌板的类型，包含玻璃、实体和各类墙体等。注意，墙体也属于嵌板类型，一般将嵌板设置为"系统嵌板:玻璃"，如图3-68所示。

3.添加幕墙网格线

进入"建筑"选项卡，然后选择"幕墙网格"工具，如图3-71所示；进入"修改|放置 幕墙网格"选项卡，"放置"组中包含3种添加网格线的方式："全部分段""一段"和"除拾取外的全部"，如图3-72所示。

图3-71

图3-68

图3-72

放置方式介绍

全部分段：绘制时网格线贯穿整个幕墙，如图3-73和图3-74所示；单击尺寸可调节网格线位置，如图3-75所示。

一段：绘制时网格线贯穿选择的嵌板，如图3-76所示。

图3-73

图3-74

图3-75

图3-76

除拾取外的全部：在除了鼠标选择嵌板之外的所有嵌板上添加一条网格线。选择"除拾取外的全部"，然后选择幕墙上的网格线来插入一条新的网格线，如图3-77~图3-79所示；接着单击需要排除的线段，按Enter键确认添加，如图3-80所示。

图3-77

图3-78

图3-79

图3-80

4.删除网格线

删除网格线的方法有两种。

第1种：选中网格线，按键盘上的Delete键进行删除。绘制幕墙时生成的网格线默认为锁定状态，删除时需解除锁定才能操作。

选中幕墙上锁定的网格线，单击网格线上的锁定图标 🔒，如图3-81所示；解除锁定，然后选择解除锁定的网格线，按Delete键删除网格线，如图3-82所示；删除后的效果如图3-83所示。

图3-81

图3-82

图3-83

 通过前面讲的"幕墙网格线的添加"绘制的网格线默认为未锁定。另外，上述方法是将整条网格线删除，若需要删除一条网格线的其中一段，该方法不适用。

第2种：使用"修改|幕墙网格"选项卡中的"添加/删除线段"工具删除。

选中一条网格线，然后选择"修改|幕墙网格"选项卡中的"添加/删除线段"工具，接着单击需要删除的网格线，完成删除，如图3-84所示，删除后的效果如图3-85所示。

图3-84

> **提示** 如果再次单击删除的网格线，将添加网格线。

5.添加幕墙竖梃

进入"建筑"选项卡，然后选择"竖梃"工具，如图3-86所示；接着在"修改|放置 竖梃"选项卡中可以找到"网格线""单段网格线"和"全部网格线"3种添加"竖梃"的方式，如图3-87所示。

图3-86

图3-87

图3-85

添加竖梃工具介绍

网格线：单击某一条网格线便在整条线上生成竖梃，如图3-88和图3-89所示。

图3-88　　　　　　　　图3-89

单段网格线：单击需要生成竖梃的网格线，竖梃只在该段网格线上生成，如图3-90和图3-91所示。

图3-90　　　　　　　　图3-91

全部网格线：让幕墙上的所有网格线均生成竖梃。如图3-92和图3-93所示。

图3-92　　　　　　　　图3-93

6. 调整幕墙竖梃

选中已生成的竖梃，进入"修改|幕墙竖梃"选项卡，然后选择"结合"工具，如图3-94所示，将断开的竖梃贯通；选择"打断"选项，如图3-95所示，可以将相邻竖梃断开，如图3-96所示。另外，竖梃结合和断开也可通过竖梃上的"结合"/"断开"图标 █ 来操作。

图3-94

图3-95

图3-96

提示 要删除竖梃，单击选中竖梃，按Delete键即可。

3.3 墙体的修改

在Revit中，在定义好墙体的高度、厚度、材质等各参数后，按要求绘制完墙体的过程中，还需要对墙体进行一系列的修改，才能使所绘墙体与实际要求保持一致。

本节内容介绍

名称	作用	重要程度
墙体的修改工具	了解墙体的常用工具	中
编辑墙体轮廓	墙体轮廓的编辑	中

3.3.1 墙体的修改工具

单击选中墙体，出现"修改|墙"选项卡，墙体的修改工具包含"移动" ✛、"复制" ⬝、"旋转" ↻、"阵列" ▥、"镜像" ⬙⬗、"对齐" ⊨、"拆分" ⬌、"修剪/延伸" ⌐⌐⌐、"偏移" ⬆、"缩放" ▱、"墙洞口""附着顶部/底部"和"分离顶部/底部"等，如图3-97所示。

图3-97

墙体修改工具介绍

移动 ✛：用于将选定的墙图元移动到当前视图中指定的位置，使用该工具可以在视图中直接拖动图元移动，该功能可以帮助准确定位构件的位置，快捷键为M+V。

复制 ⬝：在标高、轴网章节中已应用过该功能，同样可适用于墙体，快捷键为C+O。

旋转 ↻：可使图元绕指定轴旋转，快捷键为R+O。

阵列 ▥：用于创建选定图元的线性阵列或半径阵列，通过"阵列"可创建一个或多个图元的多个实例，快捷键为A+R。与"复制"功能不同的是，"复制"需要一个个地复制过去，但"阵列"可以指定数量，在某段距离中自动生成一定数量的图元。

镜像 ⬙⬗：镜像分为两种，一种是拾取线或边作为对称轴后，直接镜像图元；如果没有可拾取的线或边，可绘制参照平面作为对称轴镜像图元，快捷键为M+M/D+M。对于两边对称的构件，通过镜像可以大大提高工作效率。

对齐 ⊨：选择"对齐"命令后，先选择对齐的参照线，再选择需对齐移动的线，快捷键为A+L。

拆分 ⬌：拆分图元是指在选定点剪切图元，将其一分为二，或删除两点之间的线段，快捷键为S+L。

修剪/延伸 ⌐⌐⌐：共有3个工具，从左到右分别为

"修剪/延伸为角""修剪/延伸单个图元"和"修剪/延伸多个图元",快捷键为T+R。

偏移：设置偏移距离,选中偏移的参照线,可以生成偏移的新图元,快捷键为O+F。

缩放：用于图元放大或缩小,选中图元,设置缩放比例,按Enter键可以将原图元放大或缩小,快捷键为R+E。

墙洞口：用于在墙体上开矩形的洞口。在任意立面视图中,选中墙体,然后在"修改|墙"选项卡中选择"墙洞口",如图3-98所示;接着在墙体上绘制矩形,如图3-99所示;效果如图3-100所示。

图3-98

图3-99

图3-100

附着顶部/底部（分离顶部/底部）：将墙体附着或分离到其他构件的顶部或底部,Revit中墙体的附着目标对象一般为屋顶或楼板。在任意立面视图或三维视图中,选中墙体,然后在"修改|墙"选项卡中单击"附着顶部/底部",如图3-101所示;接着拾取屋顶或楼板,如图3-102所示;效果如图3-103所示。

图3-101

图3-102　　　　　　　　图3-103

3.3.2 编辑墙体轮廓

对于异形的墙体或者有异形墙洞的墙体,需要对墙体的轮廓进行编辑。选中绘制好的墙体,然后在"修改|墙"选项卡中选择"编辑轮廓"工具,如图3-104所示。

图3-104

在平面视图进行轮廓编辑操作,此时会打开"转到视图"对话框,然后可以选择任意"立面"或

"三维视图"进行操作，这里选择"南立面"进入绘制轮廓草图模式，如图3-105和图3-106所示。

图3-105　　　　　　　　图3-106

此时，用户可以选择右上角"绘制"面板里的工具进行墙轮廓编辑，编辑完成后，选择"模式"中的"完成编辑模式"工具 ✔，即可完成墙体的编辑，如图3-107和图3-108所示。另外，选择"模式"中的"取消编辑模型"工具 ✖，墙体会恢复成编辑前的墙体轮廓。

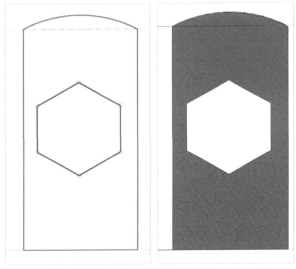

图3-107　　　　　　　　图3-108

提示　弧形墙体的立面轮廓不能编辑。

3.4 课堂练习

为了让读者对墙体的绘制更加熟练，这里准备了两个练习供读者学习，如有不明白的地方可以观看教学视频。

3.4.1 课堂练习：绘制会所的墙体

实例位置　实例文件>CH03>课堂练习：绘制会所的墙体.rvt
视频文件　课堂练习：绘制会所的墙体.mp4
学习目标　掌握根据轴网绘制墙体的方法

本练习的墙体效果如图3-109所示。

图3-109

01 新建墙类型。打开学习资源中的"实例文件>CH02>课堂练习：绘制会所的轴网.rvt"文件，双击"标高1"进入一层平面视图，然后按快捷键W+A激活墙体绘制功能，接着在"属性"面板中选择"基本墙 常规-200mm"，并单击"编辑类型"按钮，打开"类型属性"对话框，再单击"复制"按钮 复制(D)... ，并设置"名称"为"外墙-红砖-240"，最后单击"确定"按钮 确定 ，如图3-110所示。

图3-110

02 设置墙层和各墙层材质等参数。单击"类型属性"对话框结构中的"编辑"按钮 编辑... ，打开"编辑部件"对话框，然后单击"插入"按钮 插入(I) ，插入两层新的墙层，最后通过"向上"按钮 向上(U) 和"向下"按钮 向下(D) 调整墙层位置，如图3-111所示。

图3-111

03 单击"功能"栏各墙层右侧的倒三角，更改各墙层功能，然后设置各墙层厚度，接着单击"材质"中的加载按钮🔲，打开"材质浏览器"，最后选择任意材质，如图3-112所示。

图3-112

> **提示** 在后面的章节中会详细介绍新建材质的方法。

04 按上述步骤将其他墙层设置为图3-113所示的材质，完成新建墙类型。

图3-113

05 按前面的方法创建"内墙-100"，具体参数设置如图3-114所示。

图3-114

06 设置外墙"属性"参数。按快捷键W+A激活墙体绘制功能，然后在"属性"面板中选择"外墙-红砖-240"，接着设置"定位线"为"墙中心线"、"底部约束"为"标高1"、"顶部约束"为"直到标高：标高2"，如图3-115所示。

图3-115

07 绘制外墙。在绘制面板中选择"线"工具 ⬛，如图3-116所示；然后使用鼠标左键捕捉G轴和1轴交点为绘制墙体起点，接着水平向右移动光标并单击4轴，再垂直向下单击捕捉D轴，最后继续捕捉D轴和3轴交点等，绘制外墙完成的效果如图3-117所示。

图3-116

图3-117

08 绘制内墙。同理，按快捷键W+A激活墙体绘制功能，然后在"属性"面板中选择"内墙-100"，将参数设置为图3-118所示的数据，接着绘制图3-119所示的"内墙-100"，创建完成的三维视图如图3-120所示。

图3-118

图3-119

图3-120

3.4.2 课堂练习：绘制会所幕墙

实例位置 实例文件>CH03>课堂练习：绘制会所幕墙.rvt

视频文件 课堂练习：绘制会所幕墙.mp4

学习目标 掌握幕墙的绘制和编辑方法

本练习的幕墙效果和平面效果如图3-121所示。

图3-121

01 打开学习资源中的"实例文件>CH03>课堂练习：绘制会所的墙体.rvt"文件，然后按快捷键W+A激活墙体绘制功能，接着在"属性"面板中选择"幕墙"，并单击"编辑类型"按钮，打开"类型属性"对话框，最后单击"复制"按钮 复制(D)... ，新建幕墙类型，并设置"名称"为"独立幕墙"，单击"确定"按钮 确定 ，如图3-122所示。

图3-122

02 同理，设置"属性"面板和"类型属性"的参数，如图3-123和图3-124所示。

图3-123

提示 这里的设置方法，读者可以参考上一个练习和教学视频。

图3-124

03 选择"线"工具 ，然后使用鼠标左键捕捉B轴和1轴交点为绘制幕墙起点，接着垂直向下捕捉A轴和1轴交点，最后水平向右捕捉5轴，完成独立幕墙绘制，如图3-125所示，三维视图效果如图3-126所示。

图3-125

图3-126

3.5 课后习题：绘制小洋房的墙体

实例位置　实例文件>CH03>课后习题：绘制小洋房的墙体.rvt
视频文件　课后习题：绘制小洋房的墙体.mp4
学习目标　掌握墙体的绘制和编辑方法

本习题的墙体效果如图3-127所示。

图3-127

第4章

门窗与楼板

第3章讲解了墙体的创建，本章将介绍Revit 2018门窗和楼板的基本概念和创建方法，并讲解在Revit中载入各类门族、窗族和创建楼板的方法。通过对本章的学习，读者可以了解创建门窗和楼板的知识。

课堂学习目标

- 了解门窗的创建和编辑
- 掌握门窗类型的设置方法
- 掌握门窗的创建和编辑方法
- 掌握楼板的创建方法
- 掌握楼板的编辑方法

4.1 门窗

门窗的创建需要拾取墙作为主体，门窗也是建筑表达的重要构件，本节将会对门窗做详细的讲解。

本节内容介绍

名称	作用	重要程度
门窗的注意事项	了解门窗的特性	中
创建门窗	掌握门窗的创建	高
编辑门窗	掌握门窗参数的设置	高

4.1.1 课堂案例：绘制小别墅的一层门窗

实例位置　实例文件>CH04>课堂案例：绘制小别墅的一层门窗.rvt
视频文件　课堂案例：绘制小别墅的一层门窗.mp4
学习目标　掌握建筑门窗的绘制方法

小别墅的一层门窗效果如图4-1所示。

图4-1

01 载入门。打开学习资源中的"实例文件>CH03>课堂练习：绘制小别墅的一层墙体.rvt"文件，然后在"插入"选项卡中选择"载入族"命令，如图4-2所示；打开"载入族"对话框，选择"建筑>门>普通门>推拉门>双

扇推拉门2.rfa"文件，最后单击"打开"按钮 [打开(O)]，完成门的载入，如图4-3所示。

图4-2

图4-3

> **提示** 继续按上述步骤依次载入"建筑>门>普通门>平开门>单扇>单嵌板木门 4.rfa""建筑>门>普通门>推拉门>四扇推拉门2.rfa""建筑>门>卷帘门>滑升门.rfa"和"建筑>窗>普通窗>平开窗>双扇平开-带贴面.rfa"文件。

02 新建门窗类型。在"建筑"选项卡中选择"门"命令（快捷键为D+R），激活门的绘制功能，然后在"属性"面板中选择"双扇推拉门2 1500×2100mm"选项，并单击"编辑类型"，打开"类型属性"对话框，接着设置门的材质，设置"玻璃"为"玻璃"、"门嵌板材质"为"门-嵌板"、"框架材质"为"门-框架"，最后单击"复制"按钮 [复制(D)...]，并设置"名称"为M1521，单击"确定"按钮 [确定]，如图4-4所示。

图4-4

03 按上述步骤依次新建门窗类型。命名"单嵌板木门 4"为M0921、"双扇推拉门"为M2421、"四扇推拉门2"为M3021、"双扇平开-带贴面"为C1809、"滑升门"为JLM3021、"双扇平开-带贴面"改为C0912、"固定"为C0618，接下来设置C0912"底高度"为900、C0618为700，具体参数设置如图4-5~图4-7所示。

图4-5

图4-6

图4-7

提示 如果有不熟悉的读者，可以观看教学视频。

04 创建门。按快捷键D+R激活门绘制功能，然后在"属性"面板中选择"M0921"，并选择 "在放置时进行标记"命令，接着将光标移动到F轴线上5号和6号轴线之间的墙体上，此时会出现门与周围墙体距离的蓝色相对临时尺寸，如图4-8所示；再通过相对尺寸大致捕捉门的位置，最后单击临时尺寸，输入准确的数值240，如图4-9所示；绘制后的效果如图4-10所示。

图4-8

提示 在平面视图放置门之前，可以按空格键控制门的开启方向。

图4-9

图4-10

05 更改门标记名称。拾取到"标记-门"，然后选择"修改|门标记"选项卡中的"编辑族"命令，如图4-11所示；打开"编辑族"视图，单击1t，并单击"编辑标签"命令，如图4-12所示。

图4-11

图4-12

06 打开"编辑标签"对话框，选择"标签参数"中的"类型标记"选项，然后单击"从标签中删除参数"按钮 ，删除"类型标记"，如图4-13所示。

图4-13

07 选择"类别参数"中的"类型名称"选项，然后单击"将参数添加到标签"按钮 ，添加"类型名称"，接着单击"确定"按钮 确定 ，如图4-14所示。

图4-14

08 选择"载入到项目"命令，然后在弹出的"族已存在"对话框中选择"覆盖现有版本"选项，完成标签名字更改，如图4-15所示，完成后的效果如图4-16所示。

图4-15

图4-16

09 创建一层的门和窗。按照前面的方法，并根据图4-17所示的标注位置完成小别墅一层门和窗的创建。

图4-17

10 选择H轴与4轴相交处的窗C1809，将其"底高度"900改为1800，如图4-18所示。完成后的平面图如图4-19所示，三维视图如图4-20所示。

图4-18

图4-19

图4-20

4.1.2 门窗的注意事项

在学习Revit的门窗系统之前，有以下3点需要读者注意。

第1点： 在Revit的三维模型中，门窗的三维模型与它们的平面表达并不是对应的剖切关系，在平面视图中，门窗的表达形式与CAD图类似，也就是说门窗模型与平立面表达可以相对独立。

第2点： Revit中的门窗可直接放置到已有的墙体中，对于普通门窗来说，可直接通过修改门窗的族类型参数（例如门窗的宽和高、材质等）来形成新的门窗类型。这点在后面的章节中会深入讲解。

第3点： 门窗的主体为墙体，可以添加到任何类型的墙体，它们对墙具有依附关系，也就是说删除墙体，门窗也随之被删除。另外，在平面、立面、剖面和三维视图中均可添加门窗，门窗也会自动剪切墙体并插入。注意，门窗只有在墙体上才会显示。

4.1.3 创建门窗

创建门窗的方法很简单，在墙主体上移动光标，然后参照临时尺寸标注，当门窗位于正确的位置时，单击鼠标左键确定，即可完成创建，下面介绍具体操作过程。

1. 新建门窗

门和窗的创建方法类似，这里以创建窗为例。在"建筑"选项卡中选择"窗"命令（快捷键为W+N），然后在"属性"面板中选择"窗"的类型为"固定 0915×1220mm"，接着单击墙体指定位置，如图4-21所示，创建后的效果如图4-22所示。

图4-21

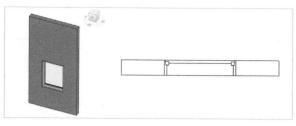

图4-22

2. 门窗的临时尺寸标注

通过图4-21的操作可以发现，放置窗后可以看到临时尺寸，这时可以单击临时尺寸，激活文本框，然后输入调整的数值来精准定位窗的位置，"门"也同理。另外，如果放置门窗时，开启的方向设置反了，则可以和墙一样，选中门窗，然后通过"翻转控件"来调整，如图4-23所示。

图4-23

3. 拾取新主体

"拾取新主体"命令可以使门窗脱离原本放置的墙，重新捕捉到其他墙上。这里以门为例，首先选中创建好的门对象，然后在"修改|门"的选项卡中选择"拾取新主体"命令，如图4-24所示；接着选择新的墙体放置门即可，如图4-25所示。

图4-24

图4-25

4. 标记门窗

在使用鼠标创建门或窗之前，在"选项栏"中选择"在放置时进行标记"命令，系统会自动标记门窗，如图4-26所示；如果选择"引线"命令，则可设置引线长度，如图4-27所示。标记门窗可以方便建模识别门窗类型，更主要的目的是方便出图。

图4-26

图4-27

如果在放置门窗前未勾选"在放置时进行标记"命令，还可通过第2种方式对门窗进行标记。选择"注释"选项卡中的"按类别标记"，将光标移至放置标记的构件上，待其高亮显示时，单击鼠标则可直接标记，

也可以选择"全部标记"，接着在弹出的"标记所有未标记的对象"对话框，选中所需标记的类别，最后单击"应用"按钮 应用(A) ，如图4-28和图4-29所示。

图4-28

图4-29

5. 添加其他门窗类型

如果需要其他的门窗类型，可以通过以下两种方式来获取。

第1种：通过"载入族"命令从Revit族库中直接载入。

选择"插入"选项卡中的"载入族"命令，打开"载入族"对话框，如图4-30所示；然后选择"建筑"文件夹，如图4-31所示；接着选择"门"或"窗"文件夹，例如这里选择"门"（"门"文件夹包含常用的门类型），继续双击选择"普通门"，选择"推拉门"，最后任意选择一个门族，单击"打开"按钮 打开(O) 完成门的载入，如图4-32所示。

图4-30

图4-31

图4-32

第**2种**：同前面的"墙"一样，通过项目原有门窗新建不同尺寸的门窗来新建门窗的类型。

选择"建筑"选项卡中的"门"命令（快捷键为D+R）或"窗"命令（快捷键为W+N），这里选择"门"命令，然后在"属性"面板设置门类型，这里选择"单扇-与墙齐600×1800mm"，并单击"编辑类型"按钮，如图4-33所示；打开"类型属性"对话框，单击"复制"按钮 复制(D)...，设置好"名称"，例如M0821，单击"确定"按钮 确定，如图4-34所示；最后在"尺寸标注"处修改"高度"和"宽带"，并单击"确定"按钮 确定 新建门类型M0821，如图4-35所示。

图4-33

图4-34

图4-35

4.1.4 编辑门窗

同墙体一样，门和窗的编辑包括"属性"面板（实例属性）和"类型属性"对话框。

1. 实例属性的设置

在视图中选择门、窗后，"属性"面板会自动转换为门或窗的"属性"面板，如图4-36和图4-37所示。在"属性"面板中，可以设置门、窗的"底高度"（窗台高度）和"顶高度"（门窗高度＋底高度）。

图4-36   **图4-37**

2. 类型属性的设置

在"属性"框中选择"编辑类型"选项，打开"类型属性"对话框，用户可以在里面设置门、窗的"高度""宽度"和"材质"等属性，如图4-38所示。"类型属性"对话框中的"默认窗台高度"指"属性"面板的"底高度"。

如果窗有"底高度"，除了在"类型属性"对话框和"属性"面板中修改，还可在立面视图修改。选择窗对象，然后移动临时尺寸界线，修改临时尺寸标注值，如图4-39所示。

图4-38

图4-39

4.2 楼板

楼板是分割竖向空间的构建。在Revit中楼板除了创建建筑楼板外，还可创建坡道、屋面等，本节将会对楼板的创建和功能做详细的讲解。

本节内容介绍

名称	作用	重要程度
创建楼板	掌握楼板的创建方法	高
编辑楼板	掌握楼板的编辑方法	高

4.2.1 课堂案例：绘制小别墅的一层楼板

实例位置　实例文件>CH04>课堂案例：绘制小别墅的一层楼板.rvt
视频文件　课堂案例：绘制小别墅的一层楼板.mp4
学习目标　掌握建筑楼板的绘制方法

小别墅的一层楼板如图4-40所示。

图4-40

01 打开"实例文件>CH04>课堂案例：绘制小别墅的一层门窗.rvt"文件，然后在"建筑"选项卡中执行"楼板>楼板:建筑"命令（快捷键为S+B），激活楼板绘制功能，然后在"属性"面板中选择"楼板-200"类型，如图4-41所示；接着选择"线"工具，最后沿外墙面绘制边界线，绘制完成后单击"完成编辑"按钮，如图4-42所示。

图4-41

图4-42

02 绘制完成后的平面视图如图4-43所示，双击"属性"面板的"三维"视图，三维视图效果如图4-44所示。

图4-43

图4-44

4.2.2 创建楼板

在Revit中，"楼板"包括"楼板:建筑""楼板:结构""面楼板"和"楼板:楼板边"4种类型，如图4-45所示。其中，"楼板:楼板边"多用于创建室外散水或台阶；"面楼板"用于创建体量的楼层板，在后面的体量章节中会进行详细介绍。

图4-45

1. 绘制楼板边界

在"建筑"选项卡中执行"楼板>楼板:建筑"命令，如图4-46所示；然后切换到"修改|创建楼层边界"选项卡，可在"绘制"面板中选择楼板的绘制方式，如图4-47所示。

图4-46

图4-47

这里以"线"工具 和"拾取墙"工具 为例进行讲解。选择"线"工具 ，然后绘制左侧和上侧的边界线，如图4-48所示；接着选择"拾取墙"工具 ，绘制剩下的边界线，最后单击"完成"按钮 ，完成楼板边界的创建，如图4-49所示。

图4-48

图4-49

2. 坡度箭头和跨方向

在平面视图中，"跨方向"表示楼板主要跨度的方向；在楼板边界线绘制完成后，可通过"坡度箭头"来赋予楼板坡度。

在"修改|创建楼层边界"选项卡中选择"坡度箭头"命令，如图4-50所示；然后单击左侧边界线中点，接着拾取右侧边界线中点后单击，完成"坡度箭头"创建，如图4-51所示。

图4-50

图4-51

通过设置"坡度箭头"的"属性"面板中的"尾高度偏移"和"头高度偏移"或"坡度"来赋予楼板坡度。如图4-52所示。图4-52中"坡度"选项灰显，若想通过"坡度"设置板坡度，需要将"指定"中的"尾高"改为"坡度"选项。

图4-52

> **提示** 一般使用"楼板"创建斜屋顶时才设置楼板"坡度"选项。

3. 楼板属性

楼板属性包含楼板的"属性"面板（实例属性）和"类型属性"，在设置的过程中需要注意"标高"和结构中的"材质"设置，如图4-53所示。

图4-53

> **提示** 新建楼板类型的方法同前面的墙一样，这里就不进行赘述了。

另外，用"拾取墙"命令绘制的楼板会与墙体发生约束关系，即墙体移动，楼板会发生相应的变化。将光标移动到外墙上，使用Tab键切换选择，可一次选中所有外墙，单击则生成楼板边界，如果出现交叉线条，可以使用"修剪"工具，使其成为封闭的楼板轮廓。

4.2.3 编辑楼板

在绘制楼板的过程中，难免会出现一些误差或者错误，这个时候就可以通过编辑楼板来弥补这些错误。

1. 编辑楼板边界

如果楼板边界绘制不正确，可以再次选中楼板，切换到"修改|楼板"选项卡，然后选择"编辑边界"命令或直接双击楼板，如图4-54所示；再次进入到编辑楼板轮廓的草图模式，如图4-55所示。

图4-54

图4-55

提示 选择楼板，发现无法选中，是因为选择方式不具备，可以在"建筑"选项卡的"选择"下拉菜单中勾选"按面选择图元"选项，如图4-56所示。

图4-56

在平面视图中一般不这样设置，这样容易造成其他图元不易被选中，一般在编辑楼板时勾选此功能，楼板编辑也可在三维视图中先进行选择再到相应的视图平面进行编辑。

2. 编辑楼板形状

通过"形状编辑"命令可以编辑楼板的形状，也可以绘制斜楼板。

第1步： 选中楼板，然后在"修改|楼板"选项卡中出现"形状编辑"面板后单击"添加点"选项，进入编辑状态，接着在楼板中心位置处单击鼠标左键，添加一个点（造型操纵柄），如图4-57所示。

图4-57

第2步： 选择"添加分割线"选项，然后单击中心的点，接着单击左上角的点，添加一条分割线，如图4-58所示。

图4-58

第3步： 同理，为另外3个角点添加分割线，然后选择"修改子图元"命令，接着单击中心的点，并单击文本框，输入2500，最后按Enter键让楼板的此点向上抬升2500mm，如图4-59所示，效果如图4-60和图4-61所示。

图4-59

图4-60   图4-61

3. 为楼板开洞

为楼板开洞的方法主要有两种。

第1种： 双击楼板进入楼板轮廓草图模式，然后在板上绘制封闭的轮廓，进行开洞，如图4-62和图4-63所示。

图4-62

图4-63

第2种： 在"建筑"选项卡的"洞口"命令栏中有"按面""竖井""墙""垂直"和"老虎窗"5种开洞方式，如图4-64所示；接着可以根据不同的开洞主体，选择不同的开洞方式，然后在开洞处绘制封闭洞口轮廓，单击"完成编辑模式"按钮 ✓，如图4-65和图4-66所示；效果如图4-67和图4-68所示。

图4-64

图4-65

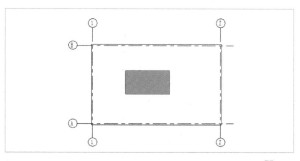

图4-66

图4-67   图4-68

4.3 课堂练习

为了让读者更加熟练地创建和编辑门窗、楼板，下面安排两个练习，读者可根据步骤提示和教学视频进行学习和练习。

4.3.1 课堂练习：创建会所的门窗

实例位置　实例文件>CH04>课堂练习：创建会所的门窗.rvt
视频文件　课堂练习：创建会所的门窗.mp4
学习目标　掌握建筑门窗的插入方法

本练习的门窗效果如图4-69所示。

图4-69

01 打开学习资源中的"实例文件>CH03>课堂练习：绘制会所幕墙.rvt"文件，然后在"插入"选项卡选择"载入族"命令，如图4-70所示；打开"载入族"对话框，选择"建筑>门>普通门>平开门>双面嵌板镶玻璃门 12.rfa"文件，最后单击"打开"按钮 打开(0) 完成门的载入，如图4-71所示。

图4-70

图4-71

> **提示** 按上述步骤依次载入"建筑>门>普通门>平开门>单扇>单嵌板木门 4.rfa""建筑>窗>普通窗>平开窗>双扇平开-带贴面.rfa"文件。

02 新建门窗类型。选择"建筑"选项卡中的 "门"命令（快捷键为D+R），激活门绘制功能，然后在"属性"面板中设置门类型为"双面嵌板镶玻璃门12 1500×2100mm"，并选择"编辑类型"选项，打开"类型属性"对话框，接着设置"门嵌板材质"为"门-嵌板"、"框架材质"为"门-框架"、"玻璃"为"玻璃"、"把手材质"为"不锈钢"，最后单击"复制"按钮 复制(0)... ，并设置"名称"为M1521，如图4-72所示。

图4-72

> **提示** 用同样的方法依次新建门窗类型，命名"单嵌板木门4 900×2100mm"为M0921、"双扇平开-带贴面 900×1200mm"为C0912，并设置窗C0912的"底高度"为900。

03 创建门和窗。按快捷键D+R激活门绘制功能，然后在"属性"面板中选择门类型的"类型选择器"中选择"M0921"，并确认"在放置时进行标记"选项被选中，接着将光标移动到3轴线上B、C轴线之间的墙体上，此时会出现门与周围墙体距离的蓝色相对临时尺寸，通过相对尺寸捕捉门的大致位置，最后单击临时尺寸，输入准确的数值240，定位门位置，如图4-73所示。

> **提示** 在平面视图中放置门之前，可以按空格键控制门的开启方向。

图4-73

04 按照前面的方法，选择合适的门窗类型，然后根据图4-74的标注位置完成门和窗的创建，三维效果如图4-75所示。

图4-74

图4-75

> **提示** 在创建过程中，如果有不清楚的地方，可以观看教学视频的详细操作过程。

4.3.2 课堂练习：创建会所的楼板

实例位置　实例文件>CH04>课堂练习：创建会所的楼板.rvt
视频文件　课堂练习：创建会所的楼板.mp4
学习目标　掌握建筑楼板的绘制方法

本练习的楼板效果如图4-76所示。

图4-76

01 打开学习资源中的"实例文件>CH04>课堂练习：创建会所的门窗.rvt"文件，然后在"建筑"选项卡中执行"楼板>楼板:建筑"命令（快捷键为S+B），激活楼板绘制功能，然后在"属性"面板中选择楼板类型为"楼板-200"，如图4-77所示。

图4-77

02 选择"线"□工具，然后沿着外墙面绘制边界线，绘制完成单击模式面板里的"完成编辑模式"按钮✓，如图4-78所示，三维视图如图4-79所示。

图4-78

图4-79

4.4 课后习题

为了巩固前面学习的知识，这里准备了两个习题供读者课后练习。

4.4.1 课后习题：创建小洋房的门窗

实例位置	实例文件>CH04>课后习题：创建小洋房的门窗.rvt
视频文件	课后习题：创建小洋房的门窗.mp4
学习目标	掌握建筑门窗的创建和插入方法

本习题的门窗效果如图4-80所示。

图4-80

4.4.2 课后习题：创建小洋房的楼板

实例位置　实例文件>CH04>课后习题：创建小洋房的楼板.rvt
视频文件　课后习题：创建小洋房的楼板.mp4
学习目标　掌握建筑楼板的绘制方法

本习题的楼板如图4-81所示。

图4-81

第5章

天花板与柱

本章将介绍Revit 2018天花板和柱的基本概念与创建。通过对本章的学习，读者可以掌握天花板和柱的创建与编辑方法。

课堂学习目标

- 掌握天花板的创建方法
- 掌握天花板的编辑方法
- 掌握柱的创建方法
- 掌握柱的编辑方法

5.1 天花板

天花板为装饰构件，在Revit 2018中，天花板的创建方法与楼板类似。

本节内容介绍

名称	作用	重要程度
创建天花板	掌握天花板的创建方法	中
编辑天花板	掌握天花板的编辑方法	中

5.1.1 课堂案例：创建小别墅的一层天花板

实例位置	实例文件>CH05>课堂案例：创建小别墅的一层天花板.rvt
视频文件	课堂案例：创建小别墅的一层天花板.mp4
学习目标	掌握建筑天花板的绘制方法

小别墅的天花板效果如图5-1所示。

图5-1

01 打开"实例文件>CH04>课堂案例：绘制小别墅的一层楼板.rvt"文件，进入F1平面视图，选择"建筑"选项卡中的"天花板"命令，如图5-2所示。

图5-2

02 进入"修改|放置 天花板"选项卡，然后选择"自动创建天花板"选项，接着在"属性"面板中设置"自标高的高度偏移"为2600，如图5-3所示。

图5-3

03 将光标移动到需要创建天花板的房间，待房间显示红色框时，单击即可完成天花板的创建，如图5-4所示。

图5-4

5.1.2 创建天花板

在Revit三维模型中，"天花板"是基于"标高"的图元，天花板的创建需在其"标高"指定的距离处，例如需要在F1层创建天花板，F1层标高为4m，则天花板可放置在3.5m处。在创建天花板时，可以由墙定义的边界创建，也可通过绘制天花板边界创建，在天花板投影平面视图中创建天花板。

选择"建筑"选项卡中的"天花板"命令，如图5-5所示；然后选择"自动创建天花板"命令，接着在"属性"面板设置"自标高的高度偏移"为2600，如图5-6所示；最后单击需要创建天花板的房间，即可完成创建，如图5-7所示。

图5-5

图5-6

图5-7

普通天花板的创建是比较简单的，但创建斜天花板或异形天花板时，需要同时创建多个天花板进行组合拼装才能达到需要的造型。

第1步：选择"建筑"选项卡中的"天花板"命令，如图5-8所示；然后选择"绘制天花板"命令，接着在"属性"面板设置"自标高的高度偏移"为2600，如图5-9所示。

图5-8

图5-9

第2步：选择"矩形"工具□，然后绘制图5-10所示的矩形，接着从墙右侧边向左绘制到墙中点处。

图5-10

第3步：选择"坡度箭头"选项，然后设置"尾高度偏移"为500、"头高度偏移"为0，接着绘制坡度箭头，并单击"完成编辑模式"按钮✔，如图5-11所示。

图5-11

第4步：切换到"三维视图"的"俯视图"，然后选中绘制好的天花板，接着选择"修改"中的"镜像-绘制轴"命令⚏，如图5-12所示；最后在中点处绘制一条镜像轴，如图5-13所示；绘制完成的天花板效果如图5-14所示。

图5-12

图5-13

图5-16

图5-14

5.1.3 编辑天花板

在Revit的三维视图中，选中需要编辑的天花板，切换到"修改|天花板"选项卡，然后选择"编辑边界"命令，可以进入编辑模式，如图5-15所示；接着双击楼层平面的"标高1"，进入"标高1"平面视图，此时可以在编辑模式下更改天花板的边界，也可以进行开洞，这里选择"矩形"工具□，任意绘制一个矩形，对天花板进行开洞，如图5-16所示；效果如图5-17所示。

图5-17

5.2 柱

在Revit 2018中，柱分为结构柱和建筑柱。

本节内容介绍

名称	作用	重要程度
认识柱	了解柱的作用	中
柱的参数	掌握柱的创建和编辑方法	高

5.2.1 课堂案例：创建小别墅一层和二层的柱

实例位置　实例文件>CH05>课堂案例：创建小别墅一层和二层的柱.rvt
视频文件　课堂案例：创建小别墅一层和二层的柱.mp4
学习目标　掌握建筑柱的绘制方法

小别墅的柱效果如图5-18所示。

图5-15

F1

F2

图5-18

本例的内容较多，包含了小别墅二层的创建，涉及前面章节的内容，如有遗忘，可以翻阅回去查看相关知识。

1. 创建二层外墙

01 打开学习资源中的"实例文件>CH05>课堂案例：创建小别墅的一层天花板.rvt"文件，切换到三维视图，将光标放在首层的外墙上，会出现高亮显示，然后按Tab键，所有外墙将全部高亮显示，如图5-19所示；接着单击鼠标左键，选中首层全部外墙，构件会以蓝色高亮显示，如图5-20所示。

图5-19

图5-20

02 切换到"修改|墙"选项卡，然后选择"复制到剪贴板"工具 ▣ ，将所有构件复制到粘贴板中备用。如图5-21所示；接着执行"粘贴>与选定的标高对齐"命令，如图5-22所示；打开"选择标高"对话框，选择F2，并单击"确定"按钮 ▢确定 ，如图5-23所示；复制完成的效果如图5-24所示。

图5-21

图5-22

图5-23

图5-24

2. 调整二层外墙

01 选中二层外墙，切换到三维视图，将光标放在二层的外墙上，待高亮显示后按 Tab 键，将所有外墙高亮显示，然后单击鼠标左键，选中二层的全部外墙，使构件蓝色高亮显示，接着在"属性"面板中选择墙体类型为"外墙-灰白色漆-240"，如图5-25所示。二层墙类型修改后的效果如图5-26所示。

图5-25

图5-26

02 切换到F2平面视图，选择如图5-27所示的墙体，然后将它们删除。

图5-27

图5-30

03 在"建筑"选项卡中执行"墙>墙:建筑"命令，激活墙体绘制功能，如图5-28所示；然后在"属性"面板中设置墙体类型为"外墙-灰白色漆-240"，具体的外墙实例属性参数如图5-29所示；接着在刚才删除墙体的位置绘制出外墙，如图5-30所示。

04 使用Delete键删除8轴和 1/C 轴线处的窗，如图5-31所示；然后在"修改"选项卡下选择"修剪/延伸为角"工具，如图5-32所示；接着依次修剪前面新绘制的墙体，如图5-33所示。

图5-31

图5-28　　　　　图5-29

图5-32

图5-33

3. 调整二层外墙门窗

01 切换到F2平面视图，删除二层外墙上的所有门，如图5-34所示。

图5-34

02 新建二层外墙的门和窗，门窗位置和类型如图5-35所示。

图5-35

> **提示** 这些门窗类型都是在前面小别墅场景中创建过的，所以在该项目文件中是自然存在的，无须再次新建类型，直接调用即可。

4. 创建二层玻璃幕墙

01 新建幕墙类型。在"建筑"选项卡下执行"墙>墙:建筑"命令，激活墙体绘制功能，如图5-36所示；然后在"属性"面板中设置墙体类型为"幕墙1"，并选择"编辑类型"选项，打开"类型属性"对话框，接着勾选"自动嵌入"选项，并单击"复制"按钮，新建幕墙"幕墙-2"，最后单击"确定"按钮完成新建幕墙类型的操作，如图5-37所示。

图5-36

图5-37

02 回到"属性"面板，然后设置"幕墙-2"的参数，如图5-38所示。

图5-38

03 在1/C轴的6轴和7轴之间的位置创建幕墙，如图5-39所示，三维效果如图5-40所示。

图5-39

图5-40

5. 创建二层楼板

01 切换到三维视图，将光标放在首层的楼板上，待高亮显示后单击鼠标左键，选中楼板，然后切换到"修改|楼板"选项卡，并选择"复制到剪贴板" 命令，将楼板复制到粘贴板中备用，如图5-41所示；接着执行"粘贴>与选定的标高对齐"命令，如图5-42所示；打开"选择标高"对话框，选择F2并单击"确定"按钮，如图5-43所示。

图5-41

图5-42

图5-43

02 在三维视图中双击二层楼板，进入楼板编辑模式，然后双击"项目浏览器"中的F2层，如图5-44所示，进入F2平面视图，编辑楼板边界。

图5-44

03 更改A轴线上1轴和2轴处的楼板边界，如图5-45所示；然后单击"完成编辑模式"按钮。三维效果如图5-46所示。

图5-45

图5-46

6. 创建二层内墙

01 创建"内墙-100"。进入F2的平面视图，按W+A键激活墙体绘制功能，然后在"属性"面板中设置墙体类型为"内墙-100"，具体参数设置如图5-47所示；接着绘制"内墙-100，如图5-48所示。

图5-47

图5-48

02 创建"内墙-200"。按快捷键W+A激活墙体绘制功能，然后在"属性"面板中设置墙体类型为"内墙-200"，具体参数设置如图5-49所示；接着绘制"内墙-200"，如图5-50所示。

图5-49

图5-50

7. 创建二层内墙门构件

按快捷键D+R激活门的绘制功能，然后根据图5-51所示的位置和门的类型创建门。

图5-51

8. 创建一层柱构件

01 进入F1平面视图，在"建筑"选项卡中选择"参照平面"选项，如图5-52所示；然后在距离2轴右侧900的位置创建一条参照平面，接着在距离A轴上侧1200的位置创建第2条参照平面，如图5-53所示。

图5-52

图5-53

02 在"建筑"选项卡中执行"柱>结构柱"命令，如图5-54所示，然后在"属性"面板中设置柱类型为"混凝土-正方形-柱 300×300mm"，具体参数设置如图5-55所示；接着在图5-56中的参照平面与参照平面的交点、参照平面与1/3轴线的交点处分别创建柱。

图5-54

图5-55

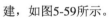

图5-56

9. 创建二层柱构件

01 进入F2平面视图，然后在"建筑"选项卡执行"柱>结构柱"命令，如图5-57所示；接着在"属性"面板中设置柱类型为"混凝土-正方形-柱 300×200mm"，具体参数设置如图5-58所示；最后分别单击C轴与5轴、6轴和7轴的交点，完成二层柱的创建，如图5-59所示。

图5-57

图5-58

图5-59

02 切换到三维视图，小别墅一层和二层的效果如图5-60所示。

图5-60

5.2.2 认识柱

在"建筑"选项卡中，可以打开"柱"的下拉菜单，如图5-61所示。 Revit的柱分为"结构柱"和"柱:建筑"两种类型，其中"结构柱"也存在于"结构"选项卡，如图5-62所示。

图5-61　　　　　　　　　　　　图5-62

重要参数说明

结构柱：为受力构件和结构图元，可以与其他结构图元连接，例如梁、支撑和独立基础等。结构柱可用于数据交换的分析模型。

柱:建筑：不与结构图元连接，用于建筑设计初期建模，无法用于结构分析，主要用于建筑形式表达。

5.2.3 柱的参数

下面以"柱:建筑"为例。在"建筑"选项卡中执行"柱>柱:建筑"命令，如图5-63所示；激活柱的创建，接着在"修改|放置 柱"选项卡中会出现柱的选项栏，如图5-64所示；同时界面左侧也会出现柱的"属性"面板（实例属性），如图5-65所示。

图5-63

图5-64

图5-65

1. 柱的选项栏

在创建柱之前，需要设置有关柱选项栏的相关参数，如图5-66所示。

图5-66

重要参数介绍

放置后旋转：勾选该选项后，可以对放置后的柱进行旋转，如图5-67所示。

图5-67

高度/深度：分别指从当前视图向上/向下延伸柱。图5-68所示的"高度"结合F2选项表示柱延伸到标高F2。

图5-68

提示 在F2后面的文本框中可以设置柱延伸的具体高度/深度。

房间边界：该选项默认为勾选，表示柱可作为房间的边界，如图5-69所示。

图5-69

2. 柱的类型属性

选择柱"属性"面板的"类型属性"选项，可以打开柱的"类型属性"对话框，如图5-70所示。其中，"材质""深度"和"宽度"是可编辑的，柱的"深度"即柱的h值。

图5-70

提示 新建柱类型的方法与前面的墙体类似，这里不进行赘述。

5.3 课堂练习：创建会所的柱

实例位置	实例文件>CH05>课堂练习：创建会所的柱.rvt
视频文件	课堂练习：创建会所的柱.mp4
学习目标	掌握建筑柱的绘制方法

本练习柱的效果如图5-71所示。

图5-71

01 打开学习资源中的"实例文件>CH04>课堂练习：创建会所的楼板.rvt"文件，进入"标高1"平面视图，在"建筑"选项卡中执行"柱>结构柱"命令，如图5-72所示；然后在"属性"面板中设置柱类型为"混凝土-正方形-柱 240×240mm"，接着在选项栏中选择"高度"和"标高2"选项，如图5-73所示。

提示 若需要其他类型的柱，可以通过"插入"选项卡中的"载入族"命令进行添加，具体方法在门窗部分已经介绍过。

图5-72

图5-73

02 使用鼠标左键在所有墙的转角处创建柱，如图5-74所示。

图5-74

03 切换到三维视图，效果如图5-75所示。

图5-75

5.4 课后习题

为了巩固前面学习的知识，这里提供了两个课后习题，通过这两个习题，希望读者能熟练掌握天花板和柱的绘制方法。

5.4.1 课后习题：创建小洋房的天花板

实例位置　实例文件>CH05>课后习题：创建小洋房的天花板.rvt
视频文件　课后习题：创建小洋房的天花板.mp4
学习目标　掌握天花板的绘制方法

本习题的天花板效果如图5-76所示。

图5-76

5.4.2 课后习题：创建小洋房的柱

实例位置　实例文件>CH05>课后习题：创建小洋房的柱.rvt
视频文件　课后习题：创建小洋房的柱.mp4
学习目标　掌握柱的绘制方法

本习题的柱效果如图5-77所示。

图5-77

第6章

楼梯/栏杆扶手/坡道/入口台阶

本章将介绍Revit 2018楼梯、栏杆扶手、坡道和入口台阶的基本概念和创建方法。通过对本章的学习，读者可以掌握楼梯、栏杆扶手、坡道、入口台阶和散水的创建与编辑方法。

课堂学习目标

- 掌握楼梯的创建方法
- 掌握坡道的创建方法
- 掌握栏杆扶手的创建方法
- 掌握入口台阶的创建方法
- 掌握散水的创建方法

6.1 楼梯

楼梯为连通垂直方向各楼层的主要构件，也是建模过程中的难点之一。

本节内容介绍

名称	作用	重要程度
认识楼梯	了解楼梯的组成	中
楼梯的属性	掌握楼梯的创建命令和属性	中
按构件创建楼梯	掌握使用构件创建楼梯的方法	高
按草图创建楼梯	掌握使用草图创建楼梯的方法	高
使用草图编辑梯面形态	掌握使用草图编辑楼梯造型的方法	中

6.1.1 课堂案例：创建小别墅的楼梯

实例位置　实例文件>CH06>课堂案例：创建小别墅的楼梯.rvt
视频文件　课堂案例：创建小别墅的楼梯.mp4
学习目标　掌握建筑楼梯的创建方法

小别墅的楼梯效果如图6-1所示。

图6-1

1. 绘制小别墅的三层墙体

01 打开"实例文件>CH05>课堂案例：绘制小别墅一层和二层的柱.rvt"文件，切换到三维视图的"前"视图，框选图6-2所示的二层构件。

图6-2

> **提示** 这里框选了二层的所有构件，包括二层楼板。

02 切换到"修改|选择多个"选项卡，然后选择"过滤器"命令，打开"过滤器"对话框，接着取消勾选"结构柱"选项，最后单击"确定"按钮 确定 完成筛选，如图6-3所示。

图6-3

03 继续在"修改|选择多个"选项卡中选择"复制到剪贴板"工具 ，将所有构件复制到粘贴板中备用，如图6-4所示；然后执行"粘贴>与选定的标高对齐"命令，如图6-5所示；打开"选择标高"对话框，选择F3并单击"确定"按钮 确定 ，如图6-6所示；复制后的三维视图效果如图6-7所示。

图6-4

图6-5

图6-6

图6-7

2. 调整小别墅的三层外墙

01 进入F3平面视图，删除图6-8中框出的墙体。

图6-8

02 在"建筑"选项卡中执行"墙>墙：建筑"命令，激活墙体绘制功能，如图6-9所示；然后在"属性"面板中设置墙体类型为"外墙-灰白色漆-240"，具体参数设置如图6-10所示。

图6-9　　　　　　　　　　　　图6-10

03 绘制图6-11所示的墙，作为三层外墙。三维视图效果如图6-12所示。

图6-11

图6-12

3. 调整小别墅的三层外墙门窗

因为小别墅有一部分三层外墙是新建的，所以要为它们新建门窗。根据图6-13所示的位置和门窗类型创建三层外墙的门窗。

图6-13

提示 这些操作都比较简单，主要是选择对应的位置和门窗类型。

4. 创建小别墅的三层玻璃幕墙

01 在"建筑"选项中执行"墙>墙：建筑"命令，激活墙体绘制功能，如图6-14所示。

图6-14

02 在"属性"面板中设置墙类型为"幕墙2"，具体参数设置如图6-15所示。

图6-15

03 在E轴上的5轴和7轴之间的墙体上创建幕墙，具体位置如图6-16所示。

图6-16

5. 编辑小别墅的三层楼板

01 在三维视图中双击三层楼板，进入楼板编辑模式，然后双击"楼层平面"中的F3，如图6-17所示，进入F3平面视图。

图6-17

02 删除图6-18所示的三层楼板边界线，然后更改三层楼板的边界线，如图6-19所示。更改的三维视图效果如图6-20所示。

图6-18

图6-19

图6-20

6. 创建小别墅的室内楼梯

01 在"建筑"选项卡中选择"参照平面"命令，如图6-21所示；然后在3轴和5轴之间创建两个参照平面，接着在F轴和H轴之间创建两个参照平面，辅助楼梯定位，如图6-22所示。

图6-21

图6-22

02 在"建筑"选项卡中选择"楼梯"命令，如图6-23所示；然后在"属性"面板中设置楼梯类型为"现场浇注楼梯 整体浇筑楼梯"，并设置相关参数，接着选择"梯段"后的"直梯"工具 ▥，如图6-24所示。

图6-23

图6-24

03 使用鼠标左键依次单击参照平面的交点（点A~D），然后单击"完成编辑模式"按钮 ✓，完成楼梯的创建，如图6-25所示。

图6-25

04 选中创建的楼梯，进入"修改|多层楼梯"选项卡；然后选择"连接/断开标高"命令，如图6-26所示；打开"转到视图"对话框，用户可以选择任意立面来打开视图，接着选择"立面:北"，并单击"打开视图"按钮 打开视图 ，如图6-27所示。

图6-26

图6-27

05 切换到北立面视图，然后在"修改|多层楼梯"选项卡中选择"连接标高"命令，接着单击并选中F3，最后单击"完成编辑模式"按钮 ✓ ，如图6-28所示，完成多层楼梯的创建。

图6-28

7. 为小别墅的楼板开洞

01 在三维视图的"属性"面板中勾选"剖面框"选项，然后拖动剖面框，观察到楼梯与楼板交界处需要开洞，如图6-29所示；接着在"建筑"选项卡中选择"竖井"命令，如图6-30所示。

图6-29

图6-30

02 进入F1平面视图，然后选择"边界线"后的"矩形"工具□，接着在楼梯位置绘制图6-31所示的矩形轮廓，最后单击"完成编辑模式"按钮✓。

图6-31

03 进入三维视图，然后选中"竖井"，会出现拉伸控件，拖动控件使其剪切到F2和F3的楼板，如图6-32所示。

图6-32

8. 创建小别墅的室外楼梯

01 同理，在"建筑"选项卡中选择"参照平面"命令，如图6-33所示；然后在1轴和2轴之间绘制一个参考平面，接着在A轴和2/B轴之间绘制3个参考平面，如图6-34所示。

图6-33

图6-34

02 选择"建筑"选项卡中的"楼梯"命令，如图6-35所示；然后在"属性"面板中设置楼梯类型"现场浇注楼梯 整体浇筑楼梯"，并设置具体参数，接着选择"梯段"的"直梯"工具▥，如图6-36所示。

图6-35

图6-36

03 使用鼠标左键依次单击参照平面的交点（点A~D），如图6-37所示；单击"完成编辑模式"按钮✓，完成室外楼梯创建，如图6-38所示。

图6-37

图6-38

6.1.2 认识楼梯

楼梯主要由踢面、踏面、栏杆和休息平台等组成，如图6-39所示。

图6-39

在Revit 2018中，创建楼梯的方法有两种，即"按构件"和"按草图"。"按构件"方式是直接在"属性"面板中设置好相应参数就可以绘制楼梯构件；"按草图"方式不仅要设置"属性"面板的参数，还需要手动绘制楼梯"边界""梯面"和"楼梯路径"，才能创建楼梯构件。图6-40所示

的"1"为"按构件"方式，"2"为"按草图"方式，单击"按草图"按钮，会出现"绘制"面板，如图6-41所示。

图6-40　　　　　　　　　图6-41

提示 在后续内容中会详细介绍这两种方式的操作方法。

6.1.3 楼梯的属性

在"建筑"选项卡中选择"楼梯"命令，激活楼梯的创建功能，如图6-42所示。

图6-42

1. 实例属性

此时界面左边出现楼梯的"属性"面板（实例属性），如图6-43所示，从上往下主要用于设置楼梯类型、"约束"和"尺寸标注"。

楼梯属性重要参数介绍

楼梯类型：选择接下来创建的楼梯类型。

约束：确定楼梯的"底部标高"和"顶部标高"，用于确认楼梯的起始和终点位置。

图6-43

尺寸标注：确定楼梯的踢面数和实际踏板深度，通过参数的设定，软件可自动计算出实际的踏步数和踢面高度。

提示 与其他构件一样，在选定了"楼梯"命令后，软件会出现选项栏，主要用于设置楼梯的"定位线""偏移""宽度"和"自动平台"，如图6-44所示。

定位线：梯段:中心　　偏移: 0.0　　实际梯段宽度:1000.0　　☑自动平台

图6-44

2. 类型属性

在"属性"面板中选择"编辑类型"，如图6-45所示；打开"类型属性"对话框，如图6-46所示。在"类型属性"对话框中，可以通过"计算规则"设置楼梯的基本参数。

图6-45

图6-46

6.1.4 按构件创建楼梯

在前面介绍了楼梯创建的两种方法，本节将介绍"按构件"方式来创建楼梯。在创建过程中，希望读者理解各个参数的含义。

第1步： 在"建筑"选项卡中选择"楼梯"命令，激活楼梯的创建功能，如图6-47所示；进入"修改|创建楼梯"选项卡，选择"梯段"后的"直梯"工具▥，接着设置"实际梯段宽度"为1000，如图6-48所示。

图6-47

图6-48

第2步： 在"属性"面板中选择需要的楼梯类型，并设置实例属性参数，如图6-49所示。

图6-49

第3步： 使用鼠标单击"标高1"上的一点，然后向右移动光标，下方会显示"创建了××个梯面，还剩余××个"，例如图6-50所示的"创建了11个梯面，剩余11个"，接着单击鼠标左键完成第1个梯段的创建。

图6-50

> **提示** 这里总共22个梯面，因为是组合的两层楼梯，所以每一梯段有11个梯面。

第4步： 向下移动光标，确认一定距离（例如2000）为第2梯段的起点，如图6-51所示；然后向左移动光标，将剩下的梯面绘制完，并单击鼠标左键，如图6-52所示。

图6-51

图6-52

第5步：单击"修改|创建楼梯"选项卡中的"完成编辑模式"按钮 ✓，完成组合楼梯的创建，如图6-53所示，三维视图如图6-54所示。

图6-53

图6-54

6.1.5 按草图创建楼梯

第1步：同理，仍然需要在"建筑"选项卡中选择"楼梯"命令，激活楼梯的创建功能，如图6-55所示，然后在"修改|创建楼梯"选项卡中选择"创建草图"工具 ✎，如图6-56所示；此时会出现"绘制"选项组；接着选择"编辑"，并选择"线"工具 ✎，最后在视图中创建楼梯的两条边，如图6-57所示。

图6-55

图6-56

图6-57

第2步：选择"踢面"，然后选择"线"工具 ✎，接着在两条边之间任意创建踢面，最后单击"完成编辑模式"按钮 ✓，如图6-58所示。完成后的效果如图6-59所示。

图6-58

图6-59

6.1.6 使用草图编辑梯面形态

使用草图模式可以编辑楼梯的踢面形态，但需要注意，将"按构件"创建的楼梯转换为草图的过程是不可逆的。

第1步：选择创建好的楼梯，然后在"修改|楼梯"选项卡中选择"编辑楼梯"选项，进入楼梯编辑模式，如图6-60所示。

图6-60

第2步：选中第一梯段，然后在"修改|创建楼梯"选项卡中选择"转换"命令，在弹出的"楼梯-转换为自定义"对话框中单击"关闭"按钮 关闭(C)，完

成转换，如图6-61所示；此时，"修改|创建楼梯"选项卡中"转换"命令变为灰显、"编辑草图"命令变为亮显，选择"编辑草图"，再进入"标高1"视图编辑草图，如图6-62所示。

图6-61

图6-62

第3步：进入"修改|创建楼梯>绘制梯段"选项卡，然后选择"踢面"命令，接着选择"起点-终点-半径弧"工具，如图6-63所示，最后在视图中绘制如图6-64所示的踢面线。

图6-63

图6-64

第4步：选中新创建的踢面线，然后在"修改|创建楼梯>绘制梯段"选项卡中选择"复制"工具，并勾选"多个"选项，接着单击梯段的起点，如图6-65所示；最后向右移动光标，并在每一个踢面线处单击，创建图6-66所示的新曲面踢面线，并删除原有的直踢面线。

图6-65

图6-66

第5步：单击草图中间的"楼梯路径"，并拖动两端的蓝色小点到起始踢面线和终点踢面线，如图6-67所示；然后单击"完成编辑模式"按钮，完成草图模式的修改；楼梯的三维效果如图6-68所示。

图6-67

图6-68

> **提示** 在Revit 2018中，使用草图创建楼梯的方法通常作为使用构件创建楼梯的补充方式；在实际操作中，通常使用"按构件"方式创建楼梯，因为这样方便且高效。

6.2 栏杆扶手

扶手是通常设置在楼梯、栏板、阳台等处的兼具实用和装饰的凸起物，是栏杆或栏板上（沿顶面）供人手扶的构件，作行走时依扶之用。

本节内容介绍

名称	作用	重要程度
创建栏杆扶手	掌握栏杆扶手的创建方法	中
替换楼梯的栏杆扶手	掌握替换已有栏杆扶手的方法	中
栏杆扶手的类型属性	掌握编辑栏杆扶手类型的方法	高

6.2.1 课堂案例：创建小别墅的栏杆

实例位置	实例文件>CH06>课堂案例：创建小别墅的栏杆.rvt
视频文件	课堂案例：创建小别墅的栏杆.mp4
学习目标	掌握建筑栏杆的绘制方法

小别墅的栏杆如图6-69所示。

图6-69

01 打开学习资源中的"实例文件>CH06>课堂案例：创建小别墅的楼梯.rvt"文件，进入F2视图，然后在"建筑"选项卡中执行"栏杆扶手>绘制路径"命令，如图6-70所示。

图6-70

02 选择"线"工具，然后沿着楼板边绘制栏杆路径，接着单击"完成编辑模式"按钮，如图6-71所示。

> **提示** 为了帮助读者快速寻找边界线的位置，书中用黑色加粗的细线表示。

图6-71

03 同理，进入F3平面视图，沿楼板边界绘制路径，如图6-72所示。

图6-72

04 在F3平面视图中，切换到"建筑"选项卡，然后执行"栏杆扶手>绘制路径"命令，如图6-73所示。

图6-73

05 在"属性"面板中选择"编辑类型",打开"类型属性"对话框,然后单击"复制"按钮 复制(D)... ,接着设置"名称"为"玻璃栏杆",最后单击"确定"按钮 确定 ,如图6-74所示。

图6-74

06 单击"栏杆位置"的"编辑"按钮,如图6-75所示;打开"编辑栏杆位置"对话框,设置"常规栏杆"为"嵌板-玻璃:800mm",并单击"确定"按钮 确定 ,如图6-76所示。

图6-75

图6-76

07 确认"属性"面板的类型为"栏杆扶手 玻璃栏杆",选择"线"工具 ,然后沿着楼板边绘制栏杆路径,接着单击"完成编辑模式"按钮 ,如图6-77所示;创建完成后的栏杆如图6-78所示。

图6-77

图6-78

6.2.2 创建栏杆扶手

栏杆的组成如图6-79所示。读者可以发现，在前面创建完楼梯后，是可以自动生成栏杆扶手的。当然，用户也可以自己手动创建。

图6-79

在"建筑"选项卡中有两种绘制栏杆扶手的方法，分别是"栏杆扶手>绘制路径"和"栏杆扶手>放置在楼梯/坡道上"命令，如图6-80所示。

图6-80

当使用"栏杆扶手>绘制路径"命令时，需要选择"绘制"工具组的工具来绘制路径，如图6-81所示。

图6-81

使用"栏杆扶手>放置在楼梯/坡道上"命令时，只需使用鼠标左键单击需要创建栏杆的主体即可，如图6-82和图6-83所示。

图6-82

图6-83

6.2.3 替换楼梯的栏杆扶手

完成楼梯创建后，自动生成栏杆扶手，然后选中栏杆，在"属性"面板的下拉列表中可选择其他扶手来替换，如图6-84所示。

图6-84

如果没有所需的栏杆，可通过"载入族"的方式载入栏杆，在"载入族"对话框中根据路径"建筑>栏杆扶手>栏杆"载入即可，如图6-85所示。

图6-85

6.2.4 栏杆扶手的类型属性

在栏杆扶手的"属性"面板中选择"编辑类型"选项，如图6-86所示；打开"类型属性"对话框，如图6-87所示。

图6-86

图6-87

重要参数介绍

扶栏结构（非连续）：单击后面的"编辑"按钮 编辑...，可以打开"编辑扶手（非连续）"对话框，如图6-88所示，用户在其中可以插入新的扶手，可通过载入"轮廓族"设置"轮廓"，还可以设置各扶手的"名称""高度""偏移"和"材质"。

图6-88

栏杆位置：单击"编辑"按钮 编辑...，可以打开"编辑栏杆位置"对话框，如图6-89所示，主要用于编辑栏杆类型、栏杆轮廓族和设置支柱栏杆。

图6-89

栏杆偏移：用于设置栏杆相对于扶手路径内侧或外侧的距离，如果设置为100，则生成的栏杆距离扶手路径100mm，方向可通过 "翻转箭头"来控制，如图6-90和图6-91所示。

图6-90

图6-91

提示 "顶部扶栏""扶手1"和"扶手2"的参数主要用于设置栏杆扶手和增加扶手，如图6-92所示。

设置栏杆扶手用于增加扶手

图6-92

6.3 坡道和入口台阶

坡道同样为垂直方向起连通作用的构件，作为楼梯的补充，在建筑建模过程中也常常会遇到。台阶一般是指用砖、石、混凝土等筑成的一级一级供人上下的建筑物，多出现在大门前或坡道上。

本节内容介绍

名称	作用	重要程度
创建坡道	掌握坡道的创建方法	中
坡道的属性	掌握坡道的编辑方法	高
创建台阶	掌握台阶的创建方法	中

6.3.1 课堂案例：创建小别墅的散水和坡道

实例位置　实例文件>CH06>课堂案例：创建小别墅的散水和坡道.rvt
视频文件　课堂案例：创建小别墅的散水和坡道.mp4
学习目标　掌握建筑散水和坡道的绘制方法

小别墅的散水和坡道如图6-93所示。

1. 创建散水轮廓族

01 打开学习资源中的"实例文件>CH06>课堂案例：创建小别墅的栏杆.rvt"文件，然后执行"文件>新建>族"菜单命令，如图6-94所示；接着打开"新族-选择样板文件"对话框，并选择"公制轮廓"，最后单击"打开"按钮 [打开(0)]，如图6-95所示。

图6-93

图6-94

图6-95

02 打开轮廓族的创建窗口，选择"创建"选项卡中的"线"命令，如图6-96所示；然后选择"线"工具，按图6-97所示的尺寸创建散水轮廓。

图6-96

图6-97

03 将创建好的散水轮廓保存为族文件，如图6-98所示。

图6-98

04 在"修改|放置 线"选项卡中选择"载入到项目"选项，如图6-99所示。

图6-99

2. 创建台阶轮廓族

切换到"散水"轮廓族编辑窗口，删除散水的所有线条，然后用同样的方法创建"台阶"的轮廓，如图6-100所示。此时，使用图6-98的方式保存台阶轮廓族文件，并载入到项目。

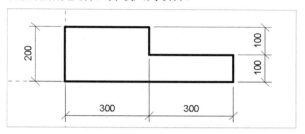

图6-100

3. 创建小别墅的散水

01 在"建筑"选项卡中执行"楼板>楼板:楼板边"命令，如图6-101所示；然后选择"属性"面板中的"编辑类型"选项，打开"编辑类型"对话框，接着设置"轮廓"为"散水"，最后单击"确定"按钮 确定 ，如图6-102所示。

图6-101

图6-102

02 使用鼠标左边单击楼板的上边线，如图6-103所示，小别墅的散水效果如图6-104所示。

图6-103

图6-104

4. 创建小别墅的台阶入口

01 在"建筑"选项卡中执行"楼板>楼板:楼板边"命令，如图6-105所示；然后选择"属性"面板中的"编辑类型"选项，打开"类型属性"对话框，接着设置"轮廓"为"台阶:台阶"，最后单击"复制"按钮 复制(D)... ，并设置"名称"为"楼板边缘2"，单击"确定"按钮 确定 ，如图6-106所示。

图6-105

图6-106

02 使用鼠标左键单击小别墅一层中所有入口处楼板的下边线，完成入口台阶的创建，如图6-107所示，效果如图6-108所示。

图6-107

图6-108

提示 如果台阶位置不是特别理想，可以选中台阶，台阶两边会出现拖动的控件，使用鼠标左键拖动到合适位置即可，如图6-109所示。

图6-109

5. 创建坡道

01 在"建筑"选项卡中选择"参照平面"命令，如图6-110所示；然后在2轴外侧720的位置创建参照平面，如图6-111所示。

图6-110

图6-111

02 在"建筑"选项卡中执行"楼板>楼板:建筑"命令，如图6-112所示；然后在"属性"面板中设置类型为"楼板 常规-10mm"，接着使用"矩形"工具□绘制图6-113所示的矩形轮廓，并单击"完成编辑模式"按钮✓。

图6-112

图6-113

03 选中楼板，进入"修改|楼板"选项卡，然后选择"添加点"命令，添加图6-114所示的两个点。

图6-114

04 选择"添加分割线"命令，单击图6-115所示的点C，然后单击点D，创建第1条分割线，接着单击点A，最后单击点B，创建第2条分割线。

图6-115

06 将点A、C、E、F的高度均设置为-140，然后按Esc键退出编辑模型，如图6-116所示。创建好的坡道如图6-117所示。

图6-116

图6-117

6.3.2 创建坡道

在"建筑"选项卡中选择"坡道"命令，然后切换到"修改|创建坡道草图"选项卡，与和楼梯一样，用户可以使用"梯段""边界"和"踢面"3种方式来创建坡道，如图6-118和图6-119所示。

图6-118

图6-119

提示 坡道的创建方法与楼梯完全一致，这里就不再具体描述。

6.3.3 坡道的属性

同样，坡道也包含实例属性和类型属性两种属性参数，下面分别进行说明。

1. 实例属性

在"属性"（实例属性）面板中，用户可以设置坡道的"底部标高""顶部标高""底部偏移""顶部偏移"和坡道的"宽度"，如图6-120所示。

提示 "顶部标高"默认为"标高2"，这样可能会使坡道太长，建议将它们设置为当前的标高；另外，将"顶部偏移"设置为较低的值。

图6-120

2. 类型属性

在"属性"面板中选择"编辑类型"，如图6-121所示，可以打开"类型属性"对话框，如图6-122所示。

图6-121

图6-122

坡道类型属性重要参数介绍

厚度：用于设置坡道的厚度，只有设置"造型"为"结构板"时，该选项才会激活，若"造型"为"实体"，则处于灰显状态；"造型"为"结构板"和"实体"的区别如图6-123所示。

造型：结构板　　　　　　造型：实体

图6-123

坡道材质：用于设置坡道的材质信息。

最大斜坡长度：表示指定要求平台前，坡道中连续踢面高度的最大长度。例如，设置"最大斜坡长度"为50，则坡道只能绘制出50mm的长度，如图6-124和图6-125所示。因此，一般绘制坡道时会将此值设置的很大，当然保持默认数值也可以。

图6-124

图6-125

坡道最大坡度（1/x）：设置坡道的最大坡度，1/x指坡道的高度与长度的比值。在类型属性中，只需要填写x值即可，值越小，坡道的坡度越大，反之则越小。

6.3.4 创建台阶

Revit 2018中没有专门的"台阶"命令，因此可以采用创建内建模型、外部构件族、楼板边缘甚至创建楼梯等方式来创建各种台阶模型。本节将讲述用"内建模型"和楼板边缘创建台阶的方法。台阶是基于楼板的，所以先创建楼板。

第1步：在"建筑"选项卡中执行"楼板>楼板：建筑"命令，如图6-126所示；然后在"属性"面板中设置楼板类型为"常规-300mm"，如图6-127所示。

图6-126

图6-127

第2步：进入"修改|创建楼层边界"选项卡，然后选择的"矩形"工具，在视图中绘制一个2000×4000的矩形楼板，如图6-128所示；创建好的方形入口台阶如图6-129所示。

图6-128

115

图6-129

1. 使用内建模型创建台阶

第1步：在"建筑"选项卡中执行构建"构件>内建模型"命令，如图6-130所示；打开"族类别和族参数"对话框，选择"楼板"选项，单击"确定"按钮 确定 ，如图6-131所示；打开"名称"对话框，设置"名称"为"台阶1"，单击"确定"按钮 确定 ，如图6-132所示。

图6-130

图6-131

图6-132

第2步：打开"内建模型"界面，然后在"创建"选项卡中选择"放样"命令，如图6-133所示；接着进入"修改|放样"选项卡，选择"拾取路径"命令，如图6-134所示；最后拾取板右侧上边缘，作为放样的路径，并单击"完成编辑模式"按钮 ✓ ，如图6-135所示。

图6-133

图6-134

图6-135

第3步：进入"修改|放样"选项卡，然后选择"编辑轮廓"命令，并在三维视图中单击"前"视图，如图6-136所示；接着创建"踢面"为100、"踏步"为200的轮廓图，如图6-137所示。

图6-136

图6-137

第4步： 再次单击"完成编辑模式"按钮 ✔，如图6-138所示；接着单击"完成模型"按钮 ✔，如图6-139所示；入口台阶右侧的效果如图6-140所示。

图6-138

图6-139

图6-140

提示 虽然这里用于创建的是台阶的右侧，但是同样可以直接将其用来创建整个阶梯形的台阶。

2. 使用楼板边缘创建台阶

第1步： 创建台阶的轮廓族。执行"文件>新建>族"命令，如图6-141所示；打开"新族-选择样板文件"对话框，选择"公制轮廓.rft"文件，接着单击"打开"按钮 打开(O)，如图6-142所示；打开"创建轮廓"界面，选择"线"命令绘制图6-143所示的轮廓，并将其载入到项目。

图6-141

图6-142

图6-143

第2步： 使用"楼板边缘"在楼板左侧短边创建台阶。在"建筑"选项卡中执行"楼板>楼板:楼板边"命令，如图6-144所示；然后单击"属性"面板的"编辑类型"选项，打开 "类型属性"对话框，如图6-145所示；接着设置"轮廓"为"族1:族1"，即上一步创建的轮廓族，最后单击"确定"按钮 确定。如图6-145所示。

图6-144

117

图6-145

第3步：直接拾取楼板左侧上边界，如图6-146
所示，系统会自动生成台阶，如图6-147所示。

图6-146

图6-147

> **提示** 在Revit 2018中，除了入口台阶可以按本节方法创
> 建，建筑周围的散水等构件也可通过"楼板边缘"和"内建
> 模型"创建。

6.4 课堂练习：创建T形楼梯

实例位置　实例文件>CH06>课堂练习：创建T形楼梯.rvt
视频文件　课堂练习：创建T形楼梯.mp4
学习目标　掌握楼梯的方法

本练习的楼梯效果如图6-148所示。

图6-148

01 新建一个"建筑样板"的项目文件，进入"标
高1"平面视图，然后选择"建筑"选项卡中的"楼
梯"命令，如图6-149所示。

图6-149

02 在"属性"面板中设置楼梯类型为"整体浇筑
楼梯"，然后设置具体实例参数，接着设置"实际
梯段宽度"为2000，并勾选"自动平台"选项，最
后选择"梯度"后的"直梯"工具，具体参数设
置如图6-150所示。

图6-150

03 先创建11个踢面，然后向左创建12个踢面，具体尺寸如图6-151所示。

图6-151

04 选中左侧梯段，然后选择"镜像-拾取轴"工具 ，接着单击中间的梯段线，完成右侧梯段创建，最后单击"完成编辑模式"按钮 ，如图6-152所示；最终效果如图6-153所示。

图6-152

图6-153

6.5 课后习题

为了巩固前面学习的知识，下面安排两个习题供读者课后练习。

6.5.1 课后习题：创建小洋房的楼梯和栏杆

实例位置 实例文件>CH06>课后习题：创建小洋房的楼梯和栏杆.rvt
视频文件 课后习题：创建小洋房的楼梯和栏杆.mp4
学习目标 掌握建筑楼梯和栏杆的绘制方法

楼梯和栏杆的效果如图6-154所示。

图6-154

6.5.2 课后习题：绘制小洋房的台阶

实例位置　实例文件>CH06>课后习题：创建小洋房的台阶.rvt
视频文件　课后习题：创建小洋房的台阶.mp4
学习目标　掌握建台阶的绘制方法

　　坡道和散水的效果如图6-155所示。

图6-155

第7章

屋顶

本章将介绍Revit 2018屋顶的基本概念和创建方法。通过对本章的学习，读者可以了解创建屋顶的知识，掌握屋顶建模思路和编辑方法。

课堂学习目标

- 了解屋顶的类型
- 掌握屋顶的创建方法
- 掌握屋顶的编辑方法
- 掌握墙体附着到屋顶的方法

7.1 认识屋顶

Revit 2018屋顶建模主要分为3类，即迹线屋顶、拉伸屋顶和面屋顶。屋顶的建模是建模过程中的难点之一。

本节内容介绍

名称	作用	重要程度
屋顶的分类	了解屋顶的类型	中
创建迹线屋顶	掌握迹线屋顶的创建方法	高
创建拉伸屋顶	掌握拉伸屋顶的创建方法	高

7.1.1 课堂案例：创建小别墅的屋顶

实例位置	实例文件>CH07>课堂案例：创建小别墅的屋顶.rvt
视频文件	课堂案例：创建小别墅的屋顶.mp4
学习目标	掌握建筑屋顶的绘制方法

小别墅屋顶的效果如图7-1所示。

图7-1

1. 使用拉伸屋顶创建侧屋顶

01 打开学习资源中的"实例文件>CH06>课堂案例：创建小别墅的散水和坡道.rvt"文件，然后在"建筑"选项卡中选择"参照 平面"命令，如图7-2所示；接着在2轴线左侧绘制一个参照平面，最后在D轴和G轴之间绘制3个参照平面，如图7-3所示。

图7-2

图7-3

02 在"建筑"选项卡中执行"屋顶>拉伸屋顶"命令，如图7-4所示；打开"工作平面"对话框，选择"拾取一个平面"选项，接着单击"确定"按钮 确定 ，如图7-5所示。

图7-4

图7-5

03 使用鼠标左键单击参照平面，打开"转到视图"对话框，然后选择"立面:西"选项，接着单击"打开视图"按钮 打开视图 ，如图7-6所示；打开"屋顶参照标高和偏移"对话框，设置"标高"为F3，单击"确定"按钮 确定 ，如图7-7所示。

图7-6

图7-7

04 在"属性"面板中单击"编辑类型"选项，打开"类型属性"对话框，然后单击"编辑"按钮 编辑... ，如图7-8所示；接着设置"结构[1]"的"材质"为"瓦片-筒瓦"，最后单击"确定"按钮 确定 ，如图7-9所示。

图7-8

图7-9

05 选择"线"工具 ✍，然后绘制图7-10所示的轮廓。

图7-10

06 切换到"修改"选项卡，然后选择"对齐"工具 ▣，接着使用鼠标左键单击内墙面，按Tab键进行选择切换，单击拉伸屋顶的内边线，使其完成对齐，如图7-11所示，效果如图7-12所示。

图7-11

图7-12

2. 使用迹线屋顶创建主屋顶

01 在"建筑"选项卡中选择"参照 平面"命令，如图7-13所示；进入F4平面视图，在距离外墙轴线800处分别创建参照平面，如图7-14所示。

图7-13

图7-14

02 在"建筑"选项卡中执行"屋顶>迹线屋顶"命令，如图7-15所示。

图7-15

03 在"属性"面板中设置类型为"迹线屋顶-200",然后设置相关参数,接着勾选"定义坡度"选项,并选择"矩形"工具🔲,创建如图7-16所示的矩形。

图7-16

04 取消矩形左右两侧的"定义坡度"选项,然后单击"完成编辑模式"按钮✔,如图7-17所示,效果如图7-18所示。

图7-17

图7-18

3. 使用迹线屋顶创建次屋顶

01 同理，激活"迹线屋顶"命令，然后用相同的方法绘制出次屋顶的矩形，如图7-19所示。

图7-19

02 取消矩形上下两侧的"定义坡度"选项，单击"完成编辑模式"按钮 ✓，如图7-20所示，次屋顶如图7-21所示。

图7-20

图7-21

4. 连接主屋顶和次屋顶

切换到"修改"选项卡，选择"连接/取消连接屋顶"工具 ，然后单击次屋顶边线，接着单击主屋顶附着面，如图7-22所示，效果如图7-23所示。

图7-22

图7-23

5. 将外墙附着到屋顶上

01 选中需要附着的墙体，然后切换到"修改|墙"选项卡，接着选择"附着顶部/底部"命令，如图7-24所示。

图7-24

02 单击附着目标屋顶，如图7-25所示。用同样的方法将其他外墙和屋顶附着，效果如图7-26所示。

图7-25

图7-26

7.1.2 屋顶的分类

屋顶是房屋最上层起覆盖作用的围护结构，目前多用于别墅或住宅建筑中。根据屋顶排水坡度的不同，常见的有平屋顶和坡屋顶两大类，相对来说，坡屋顶具有更好的排水效果。在Revit 2018中提供了多种屋顶建模工具，常用的有"迹线屋顶""拉伸屋顶"和"面屋顶"，如图7-27所示。

图7-27

屋顶重要命令介绍

迹线屋顶：通过绘制屋顶的各条边界线，为各边界线定义坡度的过程。

拉伸屋顶：先绘制屋顶轮廓线，然后调整拉伸长度来创建屋顶的过程。

面屋顶：体量模型中快速创建体量屋顶的方法。

> **提示** 还可以使用"玻璃斜窗"工具等创建屋顶。对于一些特殊造型的屋顶，也可以通过内建模型的方式来创建。

7.1.3 创建迹线屋顶

"迹线屋顶"多用于创建有坡度的屋顶。在"建筑"选项中执行"屋顶>迹线屋顶"命令，如图7-28所示，此时会进入绘制屋顶轮廓草图模式。切换到"修改|创建屋顶迹线"选项卡，可看到"绘制"组中包含"边界线"和"坡度箭头"两大类绘制方式，如图7-29所示。

图7-28

图7-29

1. 边界线的绘制

选择"矩形"工具□时，可以绘制任意矩形轮廓，然后单击"完成编辑模式"按钮✓，如图7-30所示，即可完成迹线屋顶的创建，如图7-31所示。

图7-30

图7-31

> **提示** 当选择"拾取线"工具时，"偏移"表示相对于拾取线的偏移值，如图7-32所示。

图7-32

当选择"拾取墙"工具 时，"悬挑"表示相对于拾取墙线的偏移，如图7-33所示。

图7-33

在创建迹线屋顶时，在选项栏中勾选"定义坡度"选项，那么绘制的每条边界线都会有坡度值，如图7-34所示。

图7-34

用户也可以选中迹线屋顶的边界线，取消勾选"定义坡度"选项，如图7-35和图7-36所示。另外，用户也可以选择边界线，然后在图7-34所示的"属性"面板中调整对应边的坡度。

图7-35

图7-36

2. 边界线的实例属性

对于用"边界线"方式绘制的屋顶，其"属性"面板与其他构件略有不同，多了"截断标高""截断偏移""椽截面"和"坡度"4个参数，如图7-37所示。

图7-37

"属性"面板重要参数介绍

截断标高：屋顶标高到达该标高截面时，屋顶会被该截面剪切出洞口，如在F2标高处截断。

截断偏移：截断面在该标高处向上或向下的偏移值，如500mm。

椽截面：指屋顶边界的处理方式，包括垂直截面、垂直双截面与正方形双截面。

坡度：各带坡度边界线的坡度值。

3. 坡度箭头的绘制

使用"坡度箭头"绘制屋顶时，其边界线绘制方式和前面的边界线一致，但用"坡度箭头"绘制前需取消勾选"定义坡度"选项，然后通过"坡度箭头"的方式来指定屋顶的坡度，如图7-38和图7-39所示。

图7-38

图7-39

前面绘制的"坡度箭头"，需在"属性"面板中设置坡度的"最低处标高""尾高度偏移""最高处标高"和"头高度偏移"选项，如图7-40所示；然后单击"完成编辑模式"按钮✔即可，完成后的屋顶如图7-41所示。

图7-40

图7-41

4. 编辑迹线屋顶

绘制完屋顶后，还可选中屋顶，切换到"修改|屋顶"选项卡，然后选择"编辑迹线"命令，再次进入屋顶的迹线编辑模式，如图7-42所示。

图7-42

对于屋顶的编辑，可以利用"修改"选项卡中的"连接/取消连接屋顶"工具🔗，如图7-43所示；将当前屋顶连接到另一个屋顶或墙上，如图7-44和图7-45所示。

图7-43

图7-44

图7-45

7.1.4 创建拉伸屋顶

相对于"迹线屋顶"的创建，"拉伸屋顶"就要简单许多了。在创建前，需要拾取一个面，并进入所拾取面的立面视图中进行创建。

1. 创建方式

第1步： 在"建筑"选项卡中执行"屋顶>拉伸屋顶"命令，如图7-46所示；然后在"工作平面"对话框中选择"拾取一个平面"选项，接着单击"确定"按钮，如图7-47所示。

图7-46

图7-47

第2步：单击平面视图中事先创建好的"参照平面"，然后在弹出的"转到视图"对话框中选择"立面:南"选项，接着单击"打开视图"按钮 打开视图 ，进入南立面视图，如图7-48所示；打开"屋顶参照标高和偏移"对话框，选择屋顶标高，例如"标高2"，单击"确定"按钮 确定 ，如图7-49所示。

图7-48

图7-49

第3步：选择"线"工具，绘制任意坡度屋面轮廓，然后单击"完成编辑模式"按钮 ，如图7-50所示，效果如图7-51所示。

图7-50

图7-51

2. 实例属性

"拉伸屋顶"的实例面板如图7-52所示。

图7-52

拉伸屋顶属性重要参数介绍

拉伸起点/拉伸终点：拉伸屋顶拉伸的起点位置和终点位置。

参照标高：拉伸屋顶的标高位置，例如"标高2"指拉伸屋顶在标高2上。

标高偏移：在参照标高的基础上向上、向下偏移。

椽截面：屋顶边界处理方式，包括垂直截面、垂直双截面与正方形双截面。

3. 拉伸屋顶的编辑

选中"拉伸屋顶"对象，待其亮显时，会出现拉伸拖动的控件，使用鼠标左键按住控件，可进行拉伸操作，如图7-53所示。

> **提示** 在Revit 2018中，使用"拾取墙"工具 时，通过Tab键能切换选择，可一次选中所有外墙绘制屋顶的边界线。

图7-53

7.2 课堂练习：创建会所的屋顶

实例位置	实例文件>CH07>课堂练习：创建会所的屋顶.rvt
视频文件	课堂练习：创建会所的屋顶.mp4
学习目标	掌握建筑屋顶的绘制方法

绘制的屋顶效果图7-54所示。

01 打开学习资源中的"实例文件>CH05>课堂练习：创建会所的柱.rvt"文件，进入"标高1"平面视图，然后在"建筑"选项卡中执行"屋顶>迹线屋顶"命令，如图7-55所示。

图7-54

图7-55

02 在"属性"面板中设置屋顶的类型为"基本屋顶 常规-150"，然后设置实例参数，接着取消勾选"定义坡度"选项，并设置"偏移"为0，最后使用"拾取线"工具 绘制如图7-56所示的轮廓，效果如图7-57所示。

图7-56

图7-57

7.3 课后习题：创建小洋房的屋顶

实例位置　实例文件>CH07>课后习题：创建小洋房的屋顶.rvt
视频文件　课后习题：创建小洋房的屋顶.mp4
学习目标　掌握建筑屋顶的绘制方法

本习题的屋顶效果如图7-58所示。

图7-58

第8章

内建模型和场地建模

本章将介绍Revit 2018内建模型和场地的基本概念和创建方法。通过对本章的学习，读者可以了解创建各类内建模型和建筑场地的知识。

课堂学习目标

● 掌握内建模型的基本概念
● 掌握内建模型的创建方法
● 掌握场地的创建方法
● 掌握场地的编辑方法

8.1 内建模型

内建模型在项目建模中较为常用，其建模过程和族类似，但只能在所建项目中使用。本节将对内建模型进行详细的讲解。

本节内容介绍

名称	作用	重要程度
创建内建模型	掌握内建模型的创建方式	中
拉伸	掌握拉伸的使用方法	高
融合	掌握使用融合创建模型的方法	高
旋转	掌握使用旋转创建模型的方法	高
放样	掌握使用放样创建模型的方法	高
放样融合	掌握使用放样融合创建模型的方法	中
空心形状	掌握使用空心形状创建模型的方法	中

1. 创建主龙骨工字钢

01 打开学习资源中的"实例文件>CH07>课堂案例：创建小别墅的屋顶.rvt"文件，进入F2平面视图，然后执行"建筑>迹线屋顶"命令，如图8-2所示；接着在"属性"面板中设置类型为"玻璃斜窗"，并设置实例参数，同时取消勾选"定义坡度"选项，最后使用"矩形"工具口绘制图8-3所示的矩形轮廓。

8.1.1 课堂案例：创建小别墅的工字钢玻璃雨棚

实例位置	实例文件>CH08>课堂案例：创建小别墅的工字钢玻璃雨棚.rvt
视频文件	课堂案例：创建小别墅的工字钢玻璃雨棚.mp4
学习目标	掌握建筑玻璃雨棚的绘制方法

别墅的工字钢玻璃雨棚效果如图8-1所示。

图8-1

图8-2

图8-3

02 进入三维视图，在"建筑"选项卡中执行"构件>内建模型"命令，如图8-4所示；打开"族类别和族参数"对话框，选择"屋顶"，接着单击"确定"按钮，如图8-5所示；最后在"名称"对话框中设置"名称"为"工字钢1"，并单击"确定"按钮，如图8-6所示。

图8-4

图8-5

图8-6

03 在"创建"选项卡中选择"放样"命令，如图8-7所示；进入"修改|放样"选项卡，选择"拾取路径"选项，如图8-8所示；接着拾取玻璃斜窗的边缘线，最后单击"完成编辑模式"按钮，如图8-9所示。

图8-7

图8-8

图8-9

04 单击"前"，进入前立面视角，切换到"修改|放样"选项卡，选择"编辑轮廓"选项，如图8-10所示；然后选择"线"工具，创建图8-11所示的尺寸轮廓，最后单击"完成编辑模式"按钮。

图8-10

图8-11

05 继续单击"完成编辑模式"按钮 ✔，然后选择"完成模型"选项，如图8-12和图8-13所示，效果如图8-14所示。

图8-12

图8-13

图8-14

2. 创建次龙骨工字钢

01 进入F2平面视图，然后在"建筑"选项卡中选择"内建模型"选项，如图8-15所示；接着用前面创建主龙骨的方法创建"工字钢2"，具体参数如图8-16和图8-17所示。

图8-15

图8-16

名称

名称(N)：工字钢2

图8-17

02 在"创建"选项卡中选择"设置"，如图8-18所示；打开"工作平面"对话框，选择"拾取一个平面"选项，并单击"确定"按钮 确定 ，如图8-19所示。

图8-18

图8-19

03 拾取C轴线，打开"转到视图"对话框，然后选择"立面：南"选项，接着单击"打开视图"按钮 打开视图 ，如图8-20所示。

图8-20

04 在"创建"选项卡中选择"拉伸"选项，如图8-21所示；然后选择"线"工具 ，接着在5轴线上绘制图8-22所示的工字钢轮廓，并单击"完成编辑模式"按钮 ✔，完成次龙骨工字钢创建。

图8-21

图8-22

3. 编辑次龙骨工字钢

01 单击"属性"对话框中"材质"选项后的 ▯ 按钮，打开"材质浏览器-钢"对话框，然后选择"钢"材质，接着单击"确定"按钮 <u>确定</u>，为工字钢添加材质，如图8-23所示。

图8-23

02 进入F2视图，选择次龙骨工字钢，切换到"修改|拉伸"选项卡，然后选择"阵列"工具🔡，接着设置"项目数"为"8"、"移动到"为"最后一个"，最后单击7轴线，并选择"完成模型"命令，如图8-24所示，完成后的效果如图8-25所示。

图8-24

图8-25

8.1.2 创建内建模型

在"建筑"选项卡中执行"构件>内建模型"命令，如图8-26所示；打开"族类别和族参数"对话框，在对话框中选择需要的模型族类型，例如这里选择"常规模型"选项，并单击"确定"按钮 确定，如图8-27所示。

图8-26 图8-27

此时会进入"创建"选项卡,内建模型的基本创建方式包含"拉伸""融合""旋转""放样""放样融合"和"空心形状",如图8-28所示。

图8-28

提示 下面分别对重要创建方式进行讲解。

8.1.3 拉伸

"拉伸"可以创建任意轮廓,并定义拉伸的起终点,以此来创建模型。下面介绍具体创建方法和属性参数。

1. 拉伸的使用方法

选择"拉伸"命令,然后在平面视图(例如"标高1")中绘制任意轮廓,接着单击"完成编辑模式"按钮 ✔,完成拉伸模型创建,如图8-29和图8-30所示。

图8-29

图8-30

选中模型,模型的6个面均出现拉伸控件,如图8-31所示;使用鼠标左键按住拉伸控件可对模型进行拉伸操作,如图8-32所示。

图8-31

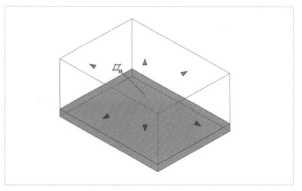

图8-32

2. 拉伸的实例属性

在使用"拉伸"创建模型时,"属性"面板会显示创建模型的实例属性,如图8-33所示。

图8-33

拉伸属性重要参数介绍

约束： 通过设置模型的"拉伸起点"和"拉伸终点"调整模型的尺寸，如图8-34所示。

图8-34

图形： 设置所创建模型在项目中的显示条件，单击"可见性/图形替换"后的"编辑"按钮 编辑... ，可以打开"族图元可见性设置"对话框，用户可以勾选对应的选项，在相应视图中使该模型可见，不勾选则不可见，如图8-35所示。

图8-35

材质和装饰： 用于设置该模型的材质信息，使用"关联族参数"对话框可将族参数关联到"类型属性"中，如图8-36所示。

图8-36

提示 完成关联后，选择"族类型"工具 ，打开"族类型"对话框，其中会出现"材质"类型，如图8-37所示。完成创建后，模型材质可在"类型属性"对话框中进行设置。

图8-37

标识数据：使用"实心""空心"来设置创建模型为实心或空心，"实心"对象在项目中可见，"空心"对象不可见，如图8-38所示。"空心"一般用于剪切实心模型。

图8-38

8.1.4 融合

"融合"可以创建任意两个轮廓，并将两个轮廓融合，形成模型。下面介绍"融合"的创建方法和实例属性。

1. 融合的使用方法

第1步：选择"融合"选项，然后使用"绘制"工具组的任意工具，在平面视图（例如"标高1"）中绘制一个图形，例如这里绘制六边形，并选择"编辑顶部"命令，如图8-39所示。

图8-39

> **提示** 第1次绘制的图形作为底面。注意，选择"编辑顶部"表示确认底面图形，接下来绘制的是顶面图形。

第2步：继续使用"绘制"工具绘制顶面，如图8-40所示。

图8-40

第3步：切换到三维视图，效果如图8-41所示。

图8-41

2. 融合的实例属性

与"拉伸"模型一样，选中"融合"后的模型也会出现控件，"属性"面板的相关参数也与"拉伸"一致，如图8-42所示。

图8-42

融合属性重要参数介绍

第二端点：控制顶面的高度。
第一端点：控制地面的高度。

> **提示** 其他参数与"拉伸"中的一样。

8.1.5 旋转

使用"旋转"命令时，可以先创建任意轴线，然后在轴线平面内创建任意轮廓，使轮廓围绕轴线旋转一圈即可创建模型。下面具体介绍创建方法和实例属性。

1. 旋转的使用方法

第1步：选择"旋转"命令，进入"标高1"视图，然后选择"轴线"命令，接着选择"线"工具，最后创建一条轴线，具体参数设置如图8-43所示。

图8-43

第2步：选择"边界线"的"圆"工具 ⊙，然后创建任意尺寸的圆轮廓，单击"完成编辑模式"按钮 ✓，如图8-44所示，效果如图8-45所示。

图8-44

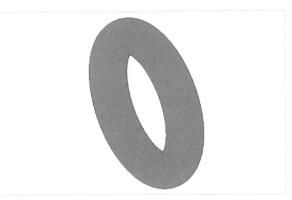

图8-45

2. 旋转的实例属性

"旋转"的"属性"面板与"拉伸""融合"不同的是"起始角度"和"结束角度"，用户可以通过它们调整模型的切片角度，如图8-46所示。

图8-46

8.1.6 放样

选择"放样"命令，用户可以创建任意一条路径，然后在路径垂直面上创建任意轮廓，轮廓会沿着路径创建模型。下面介绍"放样"的使用方法。

第1步：单击"放样"命令，然后进入平面视图（例如"标高1"），接着选择"绘制路径"选项，如图8-47所示；然后切换到"修改|放样>路径绘制"选项卡，选择"线"工具 ✓，最后创建一条路径，并单击"完成编辑模式"按钮 ✓，如图8-48所示。

图8-47

图8-48

第2步：选择"编辑轮廓"命令，如图8-49所示；打开"转到视图"对话框，选择一个立面（例如"立面:西"），接着单击"打开视图"按钮 打开视图，如图8-50所示。

图8-49

图8-50

第3步：选择"绘制"工具（例如"圆形"工具 ⊙），然后创建任意尺寸圆形轮廓，接着单击"完成编辑模式"按钮 ✔ 两次，如图8-51所示，放样模型如图8-52所示。

图8-51

图8-52

8.1.7 放样融合

使用"放样融合"命令，可以先创建任意一条路径，在路径垂直面的两端创建任意轮廓，两轮廓会沿着路径融合创建模型。

第1步：选择"放样融合"命令，进入"标高1"视图，选择"绘制路径"命令，如图8-53所示；接着选择 "线"工具 ▱，创建任意路径，并单击"完成编辑模式"按钮 ✔，如图8-54所示。

图8-53

图8-54

第2步：选择"选择轮廓1"命令，然后选择"编辑轮廓"命令，如图8-55所示；然后选择"内接多边形"工具 ⊕，创建任意尺寸的多边形，并单击"完成编辑模式"按钮 ✔，如图8-56所示。

图8-55

图8-56

第3步：选择"选择轮廓2"命令，然后选择"编辑轮廓"选项，如图8-57所示；接着选择"圆形"工具 ⊙，创建任意尺寸的圆形，并单击"完成编辑模式"按钮 ✔，如图8-58所示。

图8-57

图8-58

第4步：再次单击"完成编辑模式"按钮 ✔️，完成放样融合模型的创建，如图8-59所示。

图8-59

8.1.8 空心形状

"空心形状"的创建方式和前面实体形状的创建方式一样，这里不进行赘述。"空心形状"的主要作用是辅助剪切实体形状，创建建模需要的形体，其创建类型如图8-60所示。

图8-60

8.2 场地的介绍

场地作为房屋的地下基础，要通过模型表达出建筑与实际地坪间的关系，以及建筑的周边道路情况。本节将对场地模型进行详细的讲解。

本节内容介绍

名称	作用	重要程度
创建地形	掌握地形的创建方式	中
编辑地形	掌握地形的编辑内容和方法	高

8.2.1 课堂案例：创建小别墅的地形

实例位置	实例文件>CH08>课堂案例：创建小别墅的地形.rvt
视频文件	创建小别墅的地形.mp4
学习目标	掌握建筑地形的绘制方法

小别墅的地形如图8-61所示。

图8-61

1. 创建地形的参照平面

打学习资源中的"实例文件>CH08>课堂案例：创建小别墅的工字钢玻璃雨棚"文件，然后进入"场地"平面视图，选择"建筑"选项卡中的"参照平面"命令，创建图8-62所示尺寸位置的参照平面。

图8-62

2. 创建地形

01 切换到"体量和场地"选项卡，然后选择"地形表面"命令，如图8-63所示；接着单击"放置点"命令，并设置"高程"值，最后创建高程点，并单击"完成编辑模式"按钮 ✔，具体"高程"参数如图8-64所示。

图8-63

图8-64

02 为场地添加材质。选中场地，在"属性"面板中单击"材质"后的 按钮，如图8-65所示；打开"材质浏览器"对话框，选择"新建材质"命令，如图8-66所示。

图8-65

图8-66

03 在"默认为新材质"上单击鼠标右键，然后选择"重命名"选项，如图8-67所示；将其命名为"草"，接着选择"打开/关闭资源浏览器"工具 ，打开"资源浏览器"对话框，并在搜索框中输入"草"，最后选择"草皮-百慕大草"，如图8-68所示。

04 此时，材质新建完成，单击"确定"按钮 ，效果如图8-69所示。

图8-67

图8-68

图8-69

3. 创建建筑地坪

进入"F1"平面视图，然后选择"体量和场地"选项卡中的"建筑地坪"命令，如图8-70所示；接着设置"属性"面板的约束参数，选择"矩形"工具 ，创建图8-71所示的矩形框，单击"完成编辑模式"按钮 ，效果如图8-72所示。

图8-73

图8-70

图8-71

图8-75

图8-72

图8-76

4. 创建道路

选择"体量和场地"选项卡中的"子面域"命令，如图8-73所示；然后选择"线"工具 ，如图8-74所示，绘制图8-75所示的轮廓，并单击"完成编辑模式"按钮 ；效果如图8-76所示。

5. 添加场地构件

选择"体量和场地"选项卡中的"场地构件"命令，如图8-77所示；然后在"属性"面板中设置图8-78所示的树类型，并在场景中进行放置，效果如图8-79所示。

图8-77

图8-78

图8-79

8.2.2 创建地形

地形表面是建筑场地地形或地块地形的图形表示。默认情况下，楼层平面视图不显示地形表面，但用户可以在三维视图或专用的"场地"视图中创建，主要有以下两种方式。

1. 通过放置点

打开"场地"平面视图，然后在"体量和场地"选项卡中选择"地形表面"命令，如图8-80所示；进入地形表面的绘制模式，选择"放置点"命令，并在"选项栏"中设置"高程"值，最后在视图中单击鼠标坐标放置点，并修改高程值，陆续放置其他点，通过连续放置生成等高线，如图8-81所示。

图8-80

图8-81

图8-82所示是在平面视图上任意放置4个点形成的简单地形。

图8-82

2. 直接生成

直接将CAD地形图等导入Revit，Revit会自动生成地形。

8.2.3 编辑地形

地形的编辑内容较多，下面分别介绍相关方法和设置步骤。

1. 场地的设置

切换到"体量和场地"选项卡，然后单击"场地建模"命令栏的 按钮，如图8-83所示；打开"场地设置"对话框，用户可以在其中设置等高线"间隔"值和"经过高程"，也可以添加自定义的等高线、剖面填充样式、基础土层高程和角度显示等项目全局场地设置，如图8-84所示。

图8-83

图8-84

2. 编辑地形表面

选中绘制好的地形表面，切换到"修改|地形"选项卡，选择"编辑表面"命令，如图8-85所示；然后切换到"修改|编辑表面"选项卡，其"工具"组包含"放置点""通过导入创建"和"简化表面"3种修改地形表面高程点的方式，如图8-86所示。

图8-85　　　　　　　　　　　图8-86

重要参数介绍

　　放置点：增加高程点的放置。

　　通过导入创建：通过导入外部文件创建地形表面。

　　简化表面：减少地形表面中的点数。

3. 创建子面域

使用"子面域"工具在现有地形表面中绘制区域，软件不会剪切现有的地形表面，通常用于在地形表面绘制道路或停车场区域等。

　　第1步：切换到"体量和场地"选项卡，然后选择"子面域"命令，如图8-87所示；进入绘制模式，选择"线"工具 ，绘制子面域边界轮廓线，如图8-88所示。

图8-87

图8-88

第2步：选择"圆角弧"工具，然后设置"半径"为1000，如图8-89所示；接着将路转角处编辑成弧形，如图8-90所示。

图8-89　　　　　　　　　　　　　　　　　　　　　　　图8-90

提示　单击一条边，再单击另一条边，直角即变为弧形。

第3步：单击"属性"面板"材质"后的按钮，然后设置子面域材质，接着单击"完成编辑模式"按钮，完成子面域的绘制，如图8-91所示，效果如图8-92所示。

图8-91

图8-92

4. 拆分/合并表面

"拆分表面"命令可以将原地形表面拆分成多个地形表面；同理，"合并表面"命令可以合并多个地形表面。下面分别介绍二者的操作方法。

在"体量和场地"选项卡中选择"拆分表面"命令，如图8-93所示；进入绘制模式，单击"绘制"面板的任意绘制方式（例如"矩形"工具□），接着在地形表面创建任意的轮廓，最后单击"完成编辑模式"按钮✔，完成地形表面的拆分，如图8-94所示；效果如图8-95所示。

图8-93

图8-94

图8-95

相对来说，合并地形表面的操作更简单一些。选择"合并表面"命令，然后分别单击需要合并的两个地形，即可完成合并。注意，合并后的表面材质与同先前选择的主表面相同。

5. 创建建筑红线

建筑红线一般是指各种用地的边界线，有时也把确定沿街建筑位置的一条建筑线称为红线，即建筑红线。它可以与道路红线重合，也可退于道路红线之后，但绝不许超越道路红线，在建筑红线以外不允许创建任何建筑物。创建建筑红线可通过两种方式完成，如图8-96所示。

图8-96

第1种：切换到"体量和场地"选项卡，然后选择"建筑红线"命令，如图8-97所示；在"创建建筑红线"对话框中选择"通过绘制来创建"选项，如图8-98所示；进入绘制模式，选择"矩形"工具□，绘制封闭的建筑红线轮廓线，最后单击"完成编辑模式"按钮✔，完成绘制，如图8-99所示；效果如图8-100所示。

图8-97

图8-98

153

图8-99

图8-100

8-103所示；结果如图8-104所示。

图8-101

图8-102

图8-103

第2种：在"体量和场地"选项卡中选择"建筑红线"命令，如图8-101所示；然后在"创建建筑红线"对话框中选择"通过输入距离和方向角来创建"选项，如图8-102所示；进入绘制模式，单击"插入"按钮 插入 添加测量数据，设置"类型"为"线"，并设置距离、方向和半径等参数，最后调整顺序，单击"确定"按钮 确定，如图

图8-104

6. 创建建筑地坪

"建筑地坪"和"子面域"命令不同：使用"建筑地坪"命令会创建出单独的水平表面，并剪切地形；使用"子面域"不会生成单独的地平面，而是在地形表面上圈定某块可以定义不同属性集（例如材质）的表面区域。下面介绍创建方法。

在"体量和场地"选项卡中选择"建筑地坪"命令，如图8-105所示；进入绘制模式，选择"矩形"工具，并设置图8-106所示的"属性"参数；最后绘制建筑地坪边界轮廓线，并单击"完成编辑模式"按钮 ✔ 完成创建；效果如图8-107所示。

图8-105

图8-106

> **提示** 在建筑地坪的"属性"面板中，可以调整该地坪的"标高"和"偏移值"；在"类型属性"中可以设置建筑地坪的材质。

图8-107

7. 场地构件和停车场构件

在创建了建筑和地形后，可以在场地中放置一些场地构件模型，例如树木、停车场构件等模型，如图8-108和图8-109所示。

图8-108

图8-109

8.3 课堂练习：绘制会所地形

实例位置	实例文件>CH08>课堂练习：绘制会所地形.rvt
视频文件	课堂练习：绘制会所地形.mp4
学习目标	掌握建筑地形的绘制方法

会所的地形效果如图8-110所示。

图8-110

8.3.1 创建地形的参照平面

打开学习资源中的"实例文件>CH07>课堂练习：绘制会所屋顶.rvt"，进入"场地"平面视图，然后使用"建筑"选项卡中的"参照平面"命令创

建图8-111所示尺寸位置的参照平面。

图8-111

8.3.2 创建地形

01 选择"体量和场地"选项卡中的"地形表面"命令，如图8-112所示；然后选择"放置点"命令，接着设置"高程"值均为−200，最后在场景中创建高程点，单击"完成编辑模式"按钮 ✓，如图8-113所示。

图8-112

图8-113

02 为场地添加材质。选中场地，单击"属性"面板中"材质"后的![](按钮，如图8-114所示；打开"材质浏览器"对话框，选择"新建材质"命令，如图8-115所示；接着在"默认为新材质"上单击鼠标右键，选择"重命名"选项，如图8-116所示，并命名为"草"。

03 单击"打开/关闭资源浏览器"按钮![]，弹出"资源浏览器"对话框，然后在搜索框中输入"草"，接着选择"草皮-百慕大草"并双击，如图8-117所示，完成材质的新建；最后单击"确定"按钮![确定]，为场地添加材质，如图8-118所示；效果如图8-119所示。

图8-114

图8-117

图8-115

图8-118

图8-116

图8-119

8.3.3 创建建筑地坪

进入"标高1"平面视图，然后选择"体量和场地"选项卡中的"建筑地坪"，如图8-120所示；然后选择"矩形"工具，并设置图8-121所示的"属性"参数；接着创建图8-122所示的矩形框，并单击"完成编辑模式"按钮；效果如图8-123所示。

图8-120

图8-121　　　　图8-122

图8-123

8.4 课后习题

为了帮助读者巩固前面学习的知识，本节提供了以下两个习题。

8.4.1 课后习题：创建小洋房的雨棚

实例位置　实例文件>CH08>课后习题：创建小洋房的雨棚.rvt
视频文件　课后习题：创建小洋房的雨棚.mp4
学习目标　掌握建筑雨棚的绘制方法

雨棚效果如图8-124所示。

图8-124

8.4.2 课后习题：创建小洋房的场地

实例位置　实例文件>CH08>课后习题：创建小洋房的场地.rvt
视频文件　课后习题：创建小洋房的场地.mp4
学习目标　掌握建筑地形的绘制方法

场地效果如图8-125所示。

图8-125

第9章
图表生成和渲染漫游

本章将介绍Revit 2018建筑模型的相关处理，可分为图表部分和渲染部分。其中，图表部分包括房间面积和颜色、明细表、图纸生成，渲染部分包含日光的分析、渲染和漫游。

课堂学习目标

- 掌握房间的创建方法
- 掌握颜色方案的创建方法
- 掌握明细表的创建方法
- 掌握图纸的创建方法
- 掌握渲染的设置方法
- 掌握漫游的制作方法

9.1 房间和颜色方案

本节主要讲解Revit 2018中房间的创建、房间面积的创建和房间颜色方案的创建。

本节内容介绍

名称	作用	重要程度
房间和面积概述	了解Revit的房间和面积功能	中
创建房间	掌握房间的创建方法和重要工具	中
编辑房间属性	掌握房间的属性类型	中
创建房间面积	掌握房间面积的创建方法	中
创建与编辑颜色方案	掌握颜色方案的编辑和加载方法	中

9.1.1 课堂案例：创建一层房间的颜色方案

实例位置	实例文件>CH09>课堂案例：创建一层房间的颜色方案.rvt
视频文件	课堂案例：创建一层房间的颜色方案.mp4
学习目标	掌握房间颜色方案的绘制方法

一层房间的颜色方案如图9-1所示。

图9-1

1. 创建房间

01 打开学习资源中的"实例文件>CH08>课堂案例：创建小别墅的地形.rvt"文件，切换到F1视图，然后在"建筑"选项中选择"房间"命令，如图9-2所示。

图9-2

02 切换到"修改|放置 房间"选项卡，然后选择"在放置时进行标记"命令，接着单击"自动放置房间"命令，如图9-3所示；此时会自动创建7个房间，最后单击"关闭"按钮 关闭(C)，如图9-4所示。

03 在平面视图中重新调整各"房间"标签名，如图9-5所示。

图9-3

图9-4

图9-5

2. 创建颜色方案

01 在"建筑"选项卡中的"房间和面积"下拉菜单中选择"颜色方案"选项，如图9-6所示；打开"编辑颜色方案"对话框，接着设置"类别"为"房间"、"颜色"为"名称"，最后单击"确定"按钮 确定，如图9-7所示。

图9-6

图9-7

02 在F1平面视图的"属性"面板中单击"颜色方案"后的加载按钮 `<无>`，打开"编辑颜色方案"对话框，然后设置"类别"为"房间"，接着选择"方案1"，最后单击"确定"按钮 `确定`，如图9-8所示。

图9-8

03 在"注释"选项卡中选择"颜色填充 图例"命令，如图9-9所示；放置图例，效果如图9-10所示。

图9-9

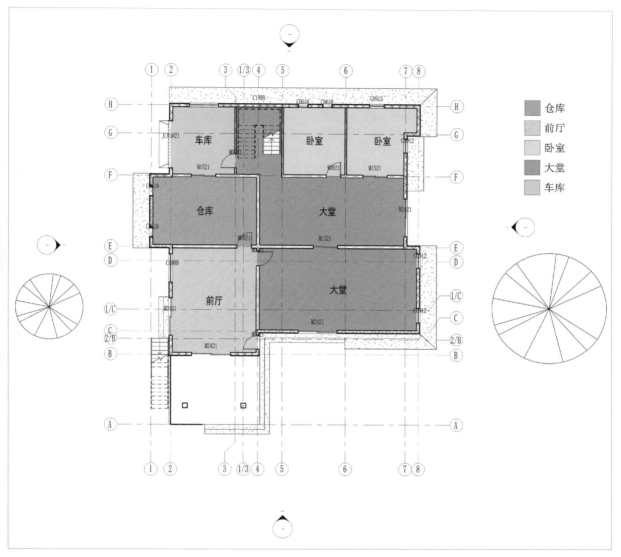

仓库
前厅
卧室
大堂
车库

图9-10

9.1.2 房间和面积概述

在"建筑"选项卡中的"房间和面积"面板中包含"房间""房间分隔""标记房间""面积"和"标记面积"命令，如图9-11所示。

图9-11

另外，在"房间和面积"的下拉菜单 房间和面积▼ 中包含"颜色方案"和"面积和体积计算"命令，如图9-12所示。

颜色方案
面积和体积计算

图9-12

9.1.3 创建房间

在创建房间之前，必须要打开事先创建好的模型文件。

切换到平面视图（例如F1），然后在"建筑"选项卡中选择"房间"命令，如图9-13所示；接着选择"在放置时进行标记"命令，最后单击目标房间，即可完成房间的创建，如图9-14所示。

图9-13

图9-14

提示 用户还可以选择"自动放置房间"命令，如图9-15所示；Revit会自动创建"房间"，如图9-16所示。

图9-15　　　　图9-16

选择"高亮显示边界"命令，可让房间的所有边界亮显，如图9-17所示。

图9-17

9.1.4 编辑房间属性

下面介绍房间的各项属性，这些属性都是Revit建模经常设置的，请务必掌握。

1. 房间的可见性

房间的可见性即"房间"在各个视图的显示详细程度。例如，切换到F1平面视图，然后在F1视图的"属性"框面板中单击"可见性/图形替换"后的"编辑"按钮 编辑... ，如图9-18所示。

图9-18

此时会打开"楼层平面:F1的可见性/图形替换"对话框，找到"房间"的可见性设置，勾选上"内部填充"和"参照"，然后单击"确定"按钮 确定 ，即完成可见性设置，如图9-19所示，效果如图9-20所示。此时，在平面视图中设置了可见性的房间会高亮显示。

图9-19

图9-20

在Revit中，"房间"是三维的概念，即"0房间"有长、宽和高，因此，为了在剖面视图中能看到"房间"，同样需要设置相关可见性，如图9-21和图9-22所示。

图9-21

图9-22

观察图9-22中的课件范围，发现"房间"高度超过了楼层高度，有两种处理方法。

第1种：选中"房间"，通过"房间"的拉伸控件拖动调整，如图9-23所示。

第2种：通过"属性"面板中"房间"的"高度偏移"进行调整，如图9-24所示。

> **提示** 为了避免"房间"的高度超过楼层，一般在创建"房间"时就需设置好"房间"的"高度偏移"参数。

图9-23 图9-24

2. 修改房间标签

"房间"的标签可以理解为房间的名称，双击"房间"标签即可进行修改，如图9-25所示。

3. 房间分隔

使用"房间分隔"命令可以将大的"房间"分隔成若干个小的房间。在"建筑"选项卡中选择"房间分隔"命令，如图9-26所示；然

图9-25

后进入平面视图（例如F1），选择"线"工具▱，然后在房间中绘制一条分隔线，就可将房间一分为二，如图9-27所示。分隔完成后，平面视图中会新出现一个房间，如图9-28所示。

图9-26

图9-27

图9-28

4. 标记房间

若在创建"房间"时，未选择"在放置时进行标记"命令，创建的"房间"则没有标记名称，如图9-29所示。

图9-29

这个时候可以选择"建筑"选项卡中的"标记房间"命令，如图9-30所示；然后单击需要标记的"房间"，即完成对"房间"的标记，如图9-31所示。

图9-30

图9-31

9.1.5 创建房间面积

"房间面积"的创建方法和"房间"基本类似，下面具体说明。

第1步：在"建筑"选项卡中执行"面积>面积平面"命令，如图9-32所示；打开"新建面积平面"对话框，设置"类型"为"总建筑面积"，并选择标高（例如F2），最后单击"确定"按钮 确定，完成"面积平面"的创建，如图9-33所示。

图9-32

图9-33

第2步：执行 "面积>面积"命令，如图9-34所示。图9-35所示的"面积未闭合"在创建过程中经常会遇到，原因是软件自动生成的蓝色边界线在某些地方未闭合，例如转角柱处、弧形墙处，这个时候就需要人为添加。

第3步：在"建筑"选项卡中选择"面积 边界"命令，如图9-36所示，完成面积边界封闭；然后再次执行"面积>面积"命令，重新添加面积，如图9-37所示。

图9-34

图9-36

图9-35

图9-37

同"房间"一样，"面积"也需要设置其可见性，方法和结构一样，如图9-38和图9-39所示。

图9-38

图9-39

9.1.6 创建与编辑颜色方案

为房间创建合理的颜色可以将房间进行划分，从而更便于观看。同理，本节内容紧接前面的内容。

1. 创建方法

第1步：设置房间标签（名称）。进入"F1"视图，将"房间"可见性还原，如图9-40所示；然后重新调整各"房间"的标签名，如图9-41所示。

图9-40

图9-41

第2步：创建颜色方案。在"建筑"选项中的"房间和面积"下拉菜单 房间和面积 中选择"颜色方案"选项，如图9-42所示；打开"编辑颜色方案"对话框，设置方案"类别"为"房间"、"颜色"为"名称"，最后单击"确定"按钮 确定，如图9-43所示。

图9-42

图9-43

第3步：使用颜色方案。在对应平面视图（F1）的"属性"面板中单击"颜色方案"后的加载按钮 <无>，打开"编辑颜色方案"对话框，然后设置"类别"为"房间"，并选择"方案1"，最后单击"确定"按钮 确定，如图9-44所示。

图9-44

第4步：填充颜色。在"注释"选项卡中选择"颜色填充 图例"命令，如图9-45所示；在房间中放置图例，效果如图9-46所示。

图9-45

图9-46

2. 颜色方案的编辑

创建好颜色方案后，可以选中图例，在"修改|颜色填充图例"选项卡中选择"编辑方案"命令，如图9-47所示；打开"编辑颜色方案"对话框，如图9-48所示，用户可以"复制"颜色方案，也可以"重命名"方案等。另外，图例的"可见性"一旦被取消勾选，相应的图例将不显示。

图9-47

图9-48

> **提示** 用户可以创建多个颜色方案，让每一层都采用单独的颜色方案，使各颜色方案在各个视图中相互独立。

9.2 明细表

本节主要讲解Revit 2018中明细表的创建和设置，通过本节的学习，可以快速创建各类明细表。本节内容均是根据需要来操作的，读者在学习本节的同时，可以打开本书中的"实例文件"来跟着内容操作。

本节内容介绍

名称	作用	重要程度
创建明细表	掌握明细表的创建	高
明细表的高级设置	掌握明细表的编辑方法和编辑类型	高
创建带有图像的明细表	掌握如何在明细表中显示图像	中

9.2.1 创建明细表

Revit中的明细主要用于统计建筑和构件数据。在"建筑"选项卡中展开"明细表"的下拉菜单，可以发现"明细表/数量""图形柱明细表""材质提取""图纸列表""注释块"和"视图列表"选项，如图9-49所示。

明细表类型介绍

明细表/数量：创建数量相关的明细表。

图形柱明细表：在项目中创建柱的图形明细表。

材质提取：创建有更多材质信息的明细表。

图纸列表：创建关于图纸的信息的明细表。

图9-49

注释块：创建注释块信息的明细表。

视图列表：创建项目所示视图信息的明细表。

1.创建明细表的方法

明细表是模型的另外一种表现形式。这里以"门"的明细表为例介绍其创建方法。

第1步：在"视图"选项卡中执行"明细表>明细表/数量"命令，如图9-50所示；打开"新建明细表"对话框，选择需要创建明细表的对象（门），接着单击"确定"按钮 确定 ，如图9-51所示。

图9-50

图9-51

第2步：打开"明细表属性"对话框，在左侧"可用的字段"框中选中需要的参数，单击"添加参数"按钮 ，然后将其添加到右侧"明细表字段"中，用"上移参数"按钮 和"下移参数"按钮 调整参数的排序，设置完成后，单击"确定"按钮 ，如图9-52所示，创建好的"门明细表"如图9-53所示。

图9-52

<门明细表>

A	B	C	D	E
类型标记	型号	框略宽度	框略高度	合计
JM-1		3680	2400	1
JM-3		1500	2100	1
JM-5		1500	2100	1
JM-10		1800	2100	1
JM-14		900	2100	1
JM-14		900	2100	1
JM-14		900	2100	1
JM-14		900	2100	1
JM-14		900	2100	1
JM-14		900	2100	1
JM-14		900	2100	1
JM-14		900	2100	1
JM-14		900	2100	1
JM-15		700	2100	1
JM-15		700	2100	1
JM-15		700	2100	1
JM-15		700	2100	1
JM-15		700	2100	1
JM-15		700	2100	1
JM-15		700	2100	1
JM-16		1200	2100	1

图9-53

2. 明细表的属性设置

创建好明细表后，例如"门明细表"，可在"属性"面板中设置相关属性，如图9-54所示。

明细表属性重要参数介绍

视图名称：可以用于重命名名称。

字段：单击"编辑"按钮 ，可以打开"明细表属性"对话框，用户在其中可以添加或移除相关数据，如图9-55所示。

图9-54

图9-55

过滤器：单击"编辑"按钮 ，可以切换到"过滤器"选项卡，其功能如同Excel的筛选功能，将需要查看的显示出来，如图9-56和图9-57所示。

图9-56

<门明细表>

A	B	C	D	E	F
类型标记	型号	框略宽度	框略高度	合计	制造商
JM-15		700	2100	1	
JM-15		700	2100	1	
JM-15		700	2100	1	
JM-15		700	2100	1	
JM-15		700	2100	1	
JM-15		700	2100	1	
JM-15		700	2100	1	

图9-57

排序/成组：如同Excel中的排序规则，将明细表的内容按设置进行排序，如图9-58和图9-59所示。

图9-58

图9-59

提示 在明细表中，相同的门类型单独为一列，且会列举出同类的。用户可以在"排序/成组"选项卡中取消勾选"逐项列举每个实例"，并勾选"总计"选项，如图9-60所示；此时明细表会把同类对象合并在一起，并计算出总数量，如图9-61所示。

图9-60

〈门明细表〉

A	B	C	D	E	F
类型标记	型号	粗略宽度	粗略高度	合计	制造商
JM-1		3680	2400	1	
JM-3		1500	2100	1	
JM-5		1500	2100	1	
JM-10		1800	2100	1	
JM-14		900	2100	10	
JM-15		700	2100	7	
JM-16		1200	2100	1	
总计: 22					

图9-61

9.2.2 明细表的高级设置

在明细表视口中，"修改明细表/数量"选项栏包含明细表的"参数""列""行""标题和页眉"和"外观"等参数，如图9-62所示。

图9-62

1. 设置单位格式

选中明细表一列，选择"设置单位格式"选项，打开"格式"对话框，可设置"单位""小数位数"和"单位符号"等参数，设置完成后单击"确定"按钮 确定 ，如图9-63所示。

图9-63

2. 重置计算公式

选中明细表一列，选择"计算"命令，打开"计算值"对话框，可重新设置"名称"和列中值的"公式"，设置完成后单击"确定"按钮 确定 ，如图9-64所示。

图9-64

3. 合并参数

使用"合并参数"可以将多个参数合并到一列显示。选中明细表一列,然后选择"合并参数"命令,打开"合并参数"对话框,用户可以在左侧选择相应的参数,然后在右侧的"合并的参数"列表中会显示当前选择的参数,接着可以使用"合并参数名称"重新命名,例如这里添加左侧的"粗略宽度"和"粗略高度"参数到右侧"合并的参数"列表框中,并将其命名为"宽度和高度",单击"确定"按钮即可生效,如图9-65和图9-66所示。

图9-65

图9-66

4. 列命令

"列"命令组的命令如图9-67所示。

列命令组参数介绍

插入:在表格中插入一列,添加一列参数。

删除:在表格中删除一列,删除一列参数。

调整:调整某一列表格的宽度。

隐藏:选中某列,单击"隐藏"则该列隐藏。

取消隐藏全部:取消全部隐藏的列。

图9-67

5. 行命令

"行"命令和"列"命令的参数基本类似,这里介绍如何使用"行"命令创建空白表格。

第1步:在"项目浏览器"中找到"明细表/数量"选项,然后单击鼠标右键,并选择"新建明细表/数量"命令,如图9-68所示;打开"新建明细表"对话框,选择项目中没有模型类型的明细表,并单击"确定"按钮,如图9-69所示。

图9-68

图9-69

第2步：打开"明细表属性"对话框，然后在"字段"选项卡的"明细表字段"中选择需要的参数，接着单击"确定"按钮 ⬚确定⬚ ，如图9-70所示。

第3步：单击"属性"面板中"格式"后的"编辑"按钮 ⬚编辑...⬚ ，打开"明细表属性"对话框，将"格式"选项卡中各字段的"标题"全部清空，并单击"确定"按钮 ⬚确定⬚ ，如图9-71所示。

图9-70   图9-71

第4步：单击"外观"后的"编辑"按钮 ⬚编辑...⬚ ，切换到"外观"选项卡，然后取消勾选"显示页眉"选项，接着单击"确定"按钮 ⬚确定⬚ ，如图9-72所示。

第5步：在"修改明细表/数量"选项卡中执行"插入>在选定位置下方"命令，插入5行（选择多次），如图9-73所示，效果如图9-74所示。

图9-72

图9-73

图9-74

6. 标题和页眉/外观命令

"标题和页眉""外观"命令组如图9-75所示。

重要参数介绍

    合并/取消合并：将多个单元格进行合并或取消合并。

    插入图像：在单元格中插入一张图像，表格中不可见，将明细表放入图纸中图像才可见。

图9-75

清除单元格：清除单元格内容。

> **提示** 上述4个命令主要用于前面讲到的空白表格的操作，对于一般软件生成的明细表，命令为灰显。

着色：为单元格添加颜色
边界：设置单元格边界样式。
字体：设置单元格文字样式。
对齐水平/对齐垂直：对单元格的样式整体进行设置。
重置：将所有操作进行归零，表格变为初始样式。

7. 在模型中高亮显示

选择明细表格任意构件，然后选择"在模型中高亮显示"命令，即可在模型中找到对应的构件，如图9-76所示。

> **提示** 明细表中的构件与模型是关联的，若删除明细表的某行构件，则对应模型中的构件也会删除。

图9-76

9.2.3 创建带有图像的明细表

在Revit 2018中，可以创建带有图像的明细表。这里以窗明细表为例进行介绍。读者可以用小别墅的"课堂案例"跟着下面的方法操作学习。

1. 创建窗材质提取明细表

第1步：在"视图"选项卡中执行"明细表>材质提取"命令，如图9-77所示；打开"新建材质提取"对话框，选择"窗"，接着单击"确定"按钮，如图9-78所示。

图9-77

图9-78

第2步：打开"材质提取属性"对话框，然后添加图9-79所示的参数，接着切换到"排序/成组"选项卡，设置图9-80所示的排序方式，并取消勾选"逐项列举每个实例"，最后单击"确定"按钮 确定 ，此时"类型图像"栏为空，如图9-81所示。接下来需要在各构件族文件中添加图像信息。

图9-80

图9-79

图9-81

2. 为窗族添加图像信息

这里以窗C-2第2行的窗构件为例添加图像。另外，窗的图像为族的三维截图，将截图保存到能找到的文件夹中。

第1步：选中第2行的窗C-2，然后选择"在模型中高亮显示"命令，接着在模型中找到窗构件并选中，如图9-82所示；最后选择"编辑族"命令，进入族编辑视口，如图9-83和图9-84所示。

图9-82

图9-83

图9-84

第2步：选中窗外的墙，然后选择"隐藏图元"选项（快捷键为H+H），如图9-85所示；隐藏后截屏，如图9-86所示，并将文件保存到能找到的文件夹中；接着选择"重设临时隐藏/隔离"命令，如图9-87所示，取消隐藏的墙。

图9-85

图9-86

图9-87

第3步：选择"族类型"工具，打开"族类型"对话框，然后单击"类型图像"后的加载按钮，如图9-88所示；打开"管理图像"对话框，单击"添加"按钮 添加(A)...，并在文件夹中找到前面截取的图片，最后单击"确定"按钮 确定，关闭"管理图像"对话框，如图9-89所示。

图9-88

图9-89

第4步：确认"类型名称"为C-2，单击"确定"按钮 <u>确定</u>，完成图像信息的添加，如图9-90所示。

3. 将更新的窗族载入项目

第1步：在"修改"选项卡中选择"载入到项目"命令，如图9-91所示；然后选择"覆盖现有版本及其参数值"选项，如图9-92所示；接着双击"项目浏览器"中的"窗材质提取"选项，表中第2行C-2的图像信息已经出现，如图9-93所示。

图9-90

图9-91

图9-92

图9-93

第2步：在"视图"选项卡中选择"图纸"命令，如图9-94所示；打开"新建图纸"对话框，选择"A3公制:A3"选项，接着单击"确定"按钮 <u>确定</u>，完成图纸的创建，如图9-95所示。

图9-94

图9-95

第3步：使用鼠标左键按住"窗材质提取"明细表，然后将其拖曳到新建图纸上，如图9-96所示；此时，带有图像的明细表就会显示，如图9-97所示。

图9-96

图9-97

 图像在明细表中只会显示图像文件名，如果要显示图像，就需要将明细表放置到图纸上。

9.3 图纸

图纸的创建是模型做完后的关键一步，做模型的目的之一就是出图纸，本节内容虽简单，却也很重要。

本节内容介绍

名称	作用	重要程度
创建视图	掌握各个视图的创建方法	高
创建图纸	掌握图纸的创建方法	高
编辑图纸	掌握图纸的修改方法	中

9.3.1 课堂案例：创建一层房间的平面图纸

实例位置	实例文件>CH09>课堂案例：创建一层房间的平面图纸.rvt
视频文件	课堂案例：创建一层房间的平面图纸.mp4
学习目标	掌握平面图纸的生成方法

一层房间的图纸如图9-98所示。

图9-98

01 打开学习资源中的"实例文件>CH09>课堂案例：创建一层房间的颜色方案.rvt"文件，然后选择"视图"选项卡中的"图纸"命令，如图9-99所示；打开"新建图纸"对话框，选择"A2公制:A2"，最后单击"确定"按钮 ◻确定◻，完成图纸A2的创建，如图9-100所示。

02 在"项目浏览器"中使用鼠标左键按住F1视图，然后将其拖曳到图框中，如图9-101所示，图纸效果如图9-102所示。

图9-99

图9-100

图9-101

图9-102

9.3.2 创建视图

Revit的视图包含平面视图、立面视图、剖面视图和三维视图等，下面依次讲解各个视图的创建方法。

1. 创建平面视图

创建平面视图的方法有以下两种。

第1种：通过"标高"命令创建。进入立面视图（例如"南"），然后选择"建筑"选项卡中的"标高"命令，如图9-103所示；然后创建"标高"（例如"标高3"），软件会自动生成"标高"的平面视图（标高3），如图9-104所示。

图9-103

图9-104

第2种：通过"复制"工具 创建。选择"标高"（例如"标高3"），然后在"修改|标高"选项卡中选择"复制"工具 ，并勾选"多个"复选框，如图9-105所示；复制得到的"标高"不会创建平面，所以需要在"视图"选项卡中执行"平面视图>楼层平面"命令，新建楼层平面，如图9-106和图9-107所示；效果如图9-108所示。

图9-105

图9-106

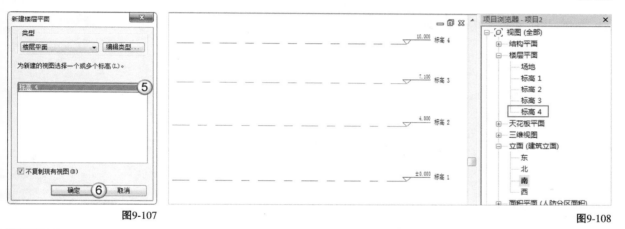

图9-107　　　　　　　　　　　　　　　　　　　图9-108

> **提示** 关于"标高"与平面视图的关系，在第2章的"标高"中就已介绍，这里仅做回顾，读者可以返回去查阅。

2. 创建立面视图

Revit自带4个方向（"东""北""南""西"）立面视图，当觉得立面视图不足时，用户可以新建立面视图来满足项目需求。在"视图"选项卡中执行"立面>立面"命令，如图9-109所示；然后在相应的"标高"（例如"标高1"）视图中单击鼠标左键，即可创建任意立面视图，如图9-110所示。

图9-109　　　　　　　　　　　　　　　　　　　图9-110

187

3. 创建剖面视图

剖面视图在建模过程中经常用到，创建方式也很简单。选择"视图"选项卡中的"剖面"命令，如图9-111所示；这里以在样式模型中创建楼梯处的剖面视图为例，剖面线短边指向方向为剖面视图方向，如图9-112所示。

图9-111

图9-112

在"剖面"图示上单击鼠标右键，然后单击"转到视图"命令，窗口将转换到剖面视图，如图9-113所示。当然，用户也可在"项目浏览器"中双击"剖面1"进入剖面视图，如图9-114所示。

图9-113

图9-114

4. 创建三维视图

在"视图"选项卡中执行"三维视图>默认三维视图"命令，即可完成三维视图的转换和创建，如图9-115所示。

提示　所有视图均可在"项目浏览器"中复制。在"项目浏览器"中需要复制的视图上单击鼠标右键，然后执行"复制视图>复制/带细节复制"命令，如图9-116所示。

图9-115

图9-116

9.3.3 创建图纸

创建图纸就是将模型的各个视图和明细表合理地放置于图框中，下面介绍具体操作方法。

第1步：在"视图"选项卡中选择"图纸"命令，如图9-117所示；打开"新建图纸"对话框，单击"载入"按钮 ，打开"载入族"对话框，接着选择"A2公制"和"A1公制"，最后单击"打开"按钮 ，完成图纸模板的载入，如图9-118所示。

图9-117　　　　　　　　　　　　　　　　　　　　　　　　　图9-118

第2步：选择"A2公制:A2"，然后单击"确定"按钮 ，如图9-119所示，完成图纸A2的创建；接着在"项目浏览器"中使用鼠标左键按住F1，然后将其拖曳到图框中，如图9-120所示。

图9-119　　　　　　　　　　　　　　　　　　　　　　　　　图9-120

第3步：取消显示不需要的内容，这里以立面标识为例。在"属性"面板中，单击"可见性/图形替换"后的"编辑"按钮 ，如图9-121所示；打开"楼层平面:F1的可见性/图形替换"对话框，在"注释类别"选项卡中取消"立面"勾选，并单击"确定"按钮 ，如图9-122所示；效果如图9-123所示。

图9-121

图9-122

图9-123

9.3.4 编辑图纸

本节主要介绍编辑图纸的方式，主要包括"激活视图""修订"和"调整明细表"。

1. 激活视口

在图纸中激活某个视口后，用户可以对模型进行编辑，下面以三维视图为例。

第1步：选中三维视图的视口，然后选择"修改|视口"选项卡中的"激活视图"命令，如图9-124所示。

第2步：激活三维视图后，其他视口会以灰色显示，然后选择"屋顶"部分，接着按Delete键将其删除，如图9-125所示；此时，图纸视口中的模型屋顶被删除，项目中的屋顶同样也被删除，如图9-126所示。

图9-124

图9-125

图9-126

提示 同明细表中一样，图纸和项目模型也存在关联关系。

第3步： 若要取消"视图激活"，可以在"视图"选项卡中执行"视口>取消激活视图"命令，如图9-127所示，也可使用鼠标左键双击图纸。

图9-127

2. 修订

如果要在项目模型中进行修改，可以在图纸中进行注释。

图9-128

第1步： 选择"视图"选项卡中的"修订"命令，如图9-128所示；打开"图纸发布/修订"对话框，单击"添加"按钮 添加(A)，添加3行，接着输入内容，最后单击"确定"按钮 确定，如图9-129所示。

图纸发布/修订

序列	修订编号	编号	日期	说明	已发布	发布到	发布者	显示
1	1	数字	2018-8-21	移动墙体	□			云线和标记
2	2	数字	2018-9-21	更换结构柱	□			云线和标记
3	3	数字	2018-9-22	保温材料更改	□			云线和标记

添加(A)
删除(L)

编号
⊙ 每个项目(R)
○ 每张图纸(X)

行
上移(U)
下移(V)
向上合并(U)
向下合并(D)

编号选项
数字(N)...
字母数字(F)...

弧长(H)
20.0

确定(K) 取消(C) 应用(P)

图9-129

第2步：切换到"注释"选项卡，然后选择"云线 批注"命令，如图9-130所示；接着绘制云图，完成后选择修订序列，如图9-131所示。

第3步：继续在"注释"选项卡中选择"文字"命令，然后标注云图为"移动墙体"，如图9-132所示。

图9-130

图9-131

图9-132

3. 调整明细表

使用鼠标左键按住明细表的控制柄，可对其进行移动、合并或拆分，如图9-133所示。

图9-133

9.4 日光和阴影分析

在Revit 2018中可以对建筑做简单的日光和阴影分析，本节将进行详细说明。

本节内容介绍

名称	作用	重要程度
静止日光研究	掌握静止日光研究的创建方法	中
动态日光研究	掌握动态日光研究的创建方法	中

提示 对于本节内容，读者可以使用学习资源中的"示例文件.rvt"来进行学习。

9.4.1 静止日光研究

静止日光的研究比较简单，主要是确认项目地点和创建静止阴影。下面介绍具体设置步骤。

1. 设置项目的地点

在"管理"选项卡中选择"地点"，如图9-134所示；打开"位置、气候和场地"对话框，通过"项目地址"来选择需要的地址，并单击"确定"按钮 确定 ，完成项目地点的设置，如图9-135所示。

图9-134

图9-135

2. 创建静止日光阴影

第1步：在视口下方的视图控制栏中，单击"打开/关闭阴影"按钮，打开建筑阴影，具体操作如图9-136所示。

第2步：选择视图控制栏中的"日光设置"命令，如图9-137所示；打开"日光设置"对话框，设置图9-138所示的内容，并单击"确定"按钮 确定 。

图9-136

打开/关闭日光路径

打开/关闭阴影

图9-137

图9-138

> **提示** "日光设置"中的"照明"可以人为地为建筑设置一个点光源，从而进行阴影研究，右侧"设置"中的"方位角"和"仰角"即为点光源的位置依据，如图9-139所示。注意，"照明"和"静止"一样，均是静态的日光阴影研究。

图9-139

第3步：在"项目浏览器"中的"三维"视图上单击鼠标右键，然后选择"作为图像保存到项目中"选项，如图9-140所示；打开"作为图像保存到项目中"对话框，设置图9-141所示的参数（名称、大小和质量），并单击"确定"按钮 确定，最后在"项目浏览器"中双击"静止日光阴影研究"选项，就可以进入视图观察静止日光效果，如图9-142所示。

图9-140

图9-141

图9-142

195

9.4.2 动态日光研究

本节将介绍动态日光的研究方法，具体操作如下。

1. 打开日光路径

第1步：在视口下方的视图控制栏中选择"打开日
光路径"选项，如图9-143所示。

图9-143

第2步：此时，视口中会出现方位盘和虚拟太阳，对于图中的日期和时间，均可单击进入编辑模式，输入
项目需要的时间来进行日光阴影的研究，如图9-144所示。用户也可以使用鼠标左键按住虚拟太阳，然后通过
移动来设置粗略的时间，如图9-145所示。

图9-144

图9-145

2. 创建动态日光阴影

这里以创建一天的动态日光阴影研究为例。

第1步： 在视图控制栏中选择"日光设置"命令，如图9-146所示；打开"日光设置"对话框，设置时间和地点等参数，并单击"确定"按钮 确定 ，如图9-147所示。

图9-146

图9-147

第2步： 选择视图控制栏中的"日光研究预览"命令，如图9-148所示；此时选项栏变为播放菜单控制器，单击"播放"按钮 ▶ ，可以预览日光阴影研究，如图9-149所示。

图9-148

图9-149

3. 导出动态日光阴影

第1步：执行"文件>导出>图像和动画>日光研究"命令，如图9-150所示；打开"长度/格式"对话框，设置参数（保持默认即可），然后单击"确定"按钮 ⬚ 确定 ，如图9-151所示。

图9-150   图9-151

第2步：打开"导出动画日光研究"对话框，然后设置"文件名"，单击"保存"按钮 ⬚ 保存(S) ，如图9-152所示；打开"视频压缩"对话框，设置好压缩质量，单击"确定"按钮 ⬚ 确定 ，如图9-153所示，完成动态日光阴影研究的创建。

图9-152   图9-153

9.5 渲染和漫游

在Revit 2018中可以对模型渲染和漫游，以备模型后期制作，展示模型整体效果，本节将对渲染和漫游进行详细的介绍。

本节内容介绍

名称	作用	重要程度
渲染	掌握渲染的设置方法	中
漫游	掌握漫游的制作方法	中

9.5.1 渲染

相对于3ds Max和VRay这类三维效果表现软件，Revit的渲染设置相对要简单许多，在三维视图中，调整好视口，然后设置简单的参数即可渲染出效果图。

1. 设置步骤

本节以软件自带的项目为例进行介绍，读者可以使用小别墅的"课堂案例"来进行联系。

第1步：将视口调整到三维视图，然后选择"视图"选项卡中的"渲染"命令，如图9-154所示。

图9-154

第2步：打开"渲染"对话框，然后设置相关参数，并单击"渲染"按钮 渲染(R) ，如图9-155所示；渲染完成后，可将图像保存到项目或者导出到文件夹，如图9-156所示，这里单击"保存到项目中"按钮 保存到项目中(V)... ；接着设置好相关命名即可，如图9-157所示。

图9-155

图9-156

图9-157

2. 渲染参数

Revit 2018的内置渲染参数如图9-158所示。

渲染参数介绍

质量： 设置图像的质量，质量越高，渲染所需时间就越长。

输出设置： 设置图片的分辨率，一般默认选择"屏幕"。

照明： 设置渲染时图片的灯光，设置得越复杂，渲染时间越长，例如人造光过多且布置复杂。

背景： 设置渲染图片背景，例如"天空：少云"。

调整曝光： 调整图片的亮度、阴影等设置，如图9-159所示。

显示模型： 在渲染前，其为灰显，渲染后视口变为渲染图片，通过"显示模型"按钮可进行模型与图片之间的切换。

图9-158

图9-159

9.5.2 漫游

漫游的原理很简单，可以理解为在三维视图中创建一条路径，相机沿着路径拍摄模型效果。下面介绍具体设置方法。

图9-160

1. 创建相机

第1步： 进入F1视图，然后在"视图"选项卡中执行"三维视图>相机"命令，如图9-160所示；然后在选项栏设置参数，这里选择在F1视图中向上偏移1750，接着在视图左下侧放置相机，并使用移动相机调整拍摄方向，如图9-161所示。

图9-161

第2步：将视口转换到相机的视口，然后在视图控制栏中执行"视觉样式>真实"命令，如图9-162所示，视图效果如图9-163所示。

图9-162

图9-163

2. 创建漫游

漫游是由多个相机沿着路径行走而成的效果，每一个节点即为一个相机。

第1步：进入F1视图，然后在"视图"选项卡中执行"三维视图>漫游"，如图9-164所示；然后可在选项栏中设置相关漫游参数，如图9-165所示；最后使用鼠标单击视图，创建图9-166所示的路径。

图9-164

图9-165

图9-166

提示　创建完成后按Esc键退出路径绘制。

　　第2步：双击"项目浏览器"中的"漫游1"，进入漫游视口，然后选择"修改|相机"选项卡中的"编辑漫游"命令，如图9-167所示。

　　第3步：在视图控制栏中执行"视觉样式>真实"命令，然后不断选择"上一关键帧"命令，直到返回第1帧，接着选择"播放"命令，预览漫游，如图9-168所示。

图9-167

图9-168

3. 导出漫游

　　执行"文件>导出>图像和动画>漫游"命令，如图9-169所示；打开"长度/格式"对话框，保持默认设置，然后单击"确定"按钮 ⎡　确定　⎤，如图9-170所示，接着设置好相关保存路径和名称即可。

图9-169

图9-170

9.6 课堂练习：创建会所房间的图纸

实例位置　实例文件>CH09>课堂练习：创建会所房间的图纸.rvt
视频文件　课堂练习：创建会所房间的图纸.mp4
学习目标　掌握房间平面图纸的生成方法

会所房间的明细表如图9-171所示。

图9-171

01 打开学习资源中的"实例文件>CH08>课堂练习：创建会所场地.rvt"文件，然后进入"标高1"平面视图，然后在"建筑"选项卡中选择"房间"命令，如图9-172所示。

图9-172

02 选择"自动放置房间"命令，系统会自动创建3个房间，如图9-173和图9-174所示。

03 分别设置每个房间的标签（名称）和位置，如图9-175所示。

图9-173

图9-174   图9-175

04 在"建筑"选项卡中的"房间和面积"下拉菜单中选择"颜色方案"选项，如图9-176所示；打开"编辑颜色方案"对话框，设置"类别"为"房间"、"颜色"为"名称"，最后单击"应用"按钮 应用 。如图9-177所示。

图9-176

图9-177

05 在"标高1"平面视图的"属性"面板中单击"颜色方案"后的加载按钮 <无> ，打开"编辑颜色方案"对话框，然后设置"类别"为"房间"，接着选择"方案1"，最后单击"确定"按钮 确定 ，如图9-178所示。

图9-178

06 在"注释"选项卡中选择"颜色填充 图例"命令，如图9-179所示；然后放置图例，效果如图9-180所示。

图9-179

图9-180

07 在"标高"视图的"属性"面板中单击"可见性/图形替换"后的"编辑"按钮 [编辑]，然后在"注释类别"选项卡中取消勾选"立面"选项，如图9-181所示，让图纸上不显示立面的标示，如图9-182所示。

图9-181
图9-182

08 选择"视图"选项卡中的"图纸"命令，如图9-183所示；打开"新建图纸"对话框，选择"A2公制:A2"，最后单击"确定"按钮 [确定]，完成图纸A2的创建，如图9-184所示。

图9-183

图9-184

09 选择"颜色方案"视口，然后在"属性"面板中设置"视图比例"为1:50，将颜色方案的显示比例放大一点，如图9-185所示。

图9-185

提示 读者可以参考渲染的"导出"方法将图纸以"图像"的形式导出，如图9-186所示。

图9-186

9.7 课后习题

本章的内容比较多，但都是模式化和固定的操作方法，因此难度并不大，读者只需要熟练相关操作顺序和参数模式就能掌握。为了帮助读者巩固知识，下面准备了两个习题供读者课后练习。

9.7.1 课后习题：创建动态日光研究

实例位置　实例文件>CH09>课后习题：创建动态日光研究.rvt
视频文件　课后习题：创建动态日光研究.mp4
学习目标　掌握动态日光的研究方法

动态日光研究的效果如图9-187所示。

图9-187

9.7.2 课后习题：制作漫游动画

实例位置　实例文件>CH09>课后习题：制作漫游动画.rvt
视频文件　课后习题：制作漫游动画.mp4
学习目标　掌握漫游动画的制作方法

漫游动画的效果如图9-188所示。

图9-188

第10章

部件/零件和体量

本章将介绍Revit 2018中部件、零件和体量的创建方法，并介绍它们各自的作用。通过对本章的学习，读者可以清晰地理解部件、零件和体量的作用。另外，本章还将介绍Revit 2018内建体量创建方法。

课堂学习目标

- 掌握部件的创建方法
- 掌握零件的创建方法
- 掌握内建体量的创建方法
- 掌握体量的编辑方法

10.1 部件

"部件"和"零件"皆是辅助项目建模的工具，合理使用可以方便项目建模。"部件"工具可以将多个建筑图元合并为一个建筑部件，进而快速为该部件创建平、立、剖面图和各类明细表。

本节内容介绍

名称	作用	重要程度
创建部件	掌握部件的创建方法	中
为部件创建平/立/剖面图和各类明细表	掌握生成部件图表的方法	中
移除和添加部件图元	掌握部件图元的移除和添加方法	高
分解部件	掌握将部件划分模块的方法	高
获取视图	掌握从同类部件中获取视图信息的方法	中
成组	理解成组与部件之间的区别	中

10.1.1 创建部件

框选一个由基础墩、钢筋网、基础柱和工字钢组成的多图元模型柱，切换到"修改|选择多个"选项卡，然后选择"创建部件"工具，如图10-1所示；打开"新建部件"对话框，设置好"类型名称"参数，例如"柱 001"，并单击"确定"按钮 确定，如图10-2所示；此时一个部件就创建完成了，使用鼠标左键单击部件，则整个柱模型都被选中，也就是说由多个构件组成的模型现在成为一个部件模型，如图10-3所示。

图10-1

图10-2

图10-3

10.1.2 为部件创建平/立/剖面图和各类明细表

为部件创建各个视图的效果和明细表，可以对部件信息进行整理，方便用户获取相关属性。

选中部件，切换到"修改|部件"选项卡，选择"创建视图"命令，如图10-4所示；打开"创建部件视图"对话框，设置相关比例值，例如1:20，接着勾选需要创建的视图，并设置图纸为"A2公制"，最后单击"确定"按钮 确定，如图10-5所示；效果如图10-6所示。

图10-4

图10-5

图10-6

10.1.3 移除和添加部件图元

选中柱部件，进入"修改|部件"选项卡，然后选择"编辑部件"命令，如图10-7所示；将视图窗口切换到部件编辑窗口，选择"删除"命令，接着在视图中选择对应图元，例如"工字钢"部分，并选择"完成"命令，"工字钢"图元将会从部件中移除，如图10-8所示；结果如图10-9所示。

图10-7

图10-8   图10-9

> **提示** 注意，移除不是删除，移除后工字钢的图元依然存在，但是不属于此部件。

再次进入部件编辑模式，选择"添加"命令，然后选择"工字钢"图元，并选择"完成"命令，如图10-10所示；此时"工字钢"图元又会被添加进"柱部件"中，如图10-11所示。

图10-10   图10-11

10.1.4 分解部件

分解部件是指将部件分解为创建时的单个图元。选中柱部件，然后选择"修改|部件"选项卡中的"分解"命令，如图10-12所示；此时，会打开Autodesk Revit 2018对话框，然后单击"删除图元"按钮[删除图元   ]，如图10-13所示；此时，部件会被分解成单个图元，且部件所创建的各视图也会被删除，如图10-14所示。

图10-12

图10-13

图10-14

10.1.5 获取视图

获取视图是指当项目中有多个相同的部件时，部件视图属于某一个指定的部件，那么同类部件会获取原有的部件视图。

在图10-15中，A和B的图元组成相同，现在将B创建为部件。框选B所有图元，然后在"修改|选择多个"选项卡中选择"创建部件"工具，弹出"新建部件"对话框，此时"类型名称"为灰显不可编辑状态，单击"确定"按钮[确定]，完成B的部件创建，如图10-16所示。

图10-15

图10-16

> **提示** 之所以"类型名称"为灰显状态，是因为项目中相同组成的部件不允许有多个"类型名称"。

选中B柱部件，然后选择"修改|部件"选项卡中的"获取视图"命令，如图10-17所示。这个时候可以发现，由A柱部件创建的视图均转移给了B柱部件。

> **提示** 此时若删除A柱部件，系统不会提示删除部件视图的对话框。

图10-17

10.1.6 成组

在图10-18中，框选C、D柱构件，此时C、D柱为未创建为部件的普通柱模型，切换到"修改|选择多个"选项卡，选择"创建组"工具⚙，打开"创建模型组"对话框，然后设置"名称"，单击"确定"按钮 确定 ，如图10-19所示。

图10-18

图10-19

完成组的创建后，选中"组 1"，在"修改|模型组"选择卡的"成组"命令组中包含"编辑组"和"解组"命令，如图10-20所示，用户可以根据需求选择对应的命令操作。

图10-20

> **提示** 组和部件是有区别的，具体如下，请读者不要混淆。
>
> 部件：相同部件是相互独立的，编辑其中的一个部件，其他部件将不会受到影响。另外，部件还可创建部件明细表。
>
> 组：组中的各相同图元是相互关联的，编辑组中任意图元，其他相同图元会发生对应变化。另外，组不可创建组明细表。

10.2 零件的创建

同"部件"一样，"零件"也是辅助建模工具。对于个别构件，我们可以为其创建零件、进行编辑，从而将零件用于构建模型。

本节内容介绍

名称	作用	重要程度
创建零件	掌握零件的创建方法	中
排除零件	掌握隐藏零件的方法	中
编辑零件	掌握零件的分割、造型编辑和合并的方法	高

10.2.1 创建零件

选择模型，这里以图10-21所示的复合墙体为例，进入"修改|墙"选项卡，然后选择"创建零件"工具📦，如图10-22所示，完成复合墙体的零件创建，如图10-23所示。创建零件后，墙体的各墙层分解为零件。

图10-21

图10-22

图10-23

10.2.2 排除零件

使用"排除零件"命令可以对零件进行隐藏。注意，隐藏不是删除，也就是说图元仍然存在于项目中。

选中墙外侧的饰面砖零件，然后选择"排除零件"命令，如图10-24所示，效果如图10-25所示。此时，墙外侧的饰面零件不被显示。

图10-24

图10-25

如果要将隐藏的零件显示出来，可以使用鼠标在零件位置处拾取到该零件，然后选择"恢复零件"命令，如图10-26所示。

图10-26

10.2.3 编辑零件

为模型创建零件后，用户可以对零件进行一系列编辑，从而得到需要的零件，下面具体介绍常用的编辑方法。

1. 分割零件

使用"分割零件"命令可以将零件进行分割。

第1步：选中外侧饰面砖层零件，然后选择"分割零件"命令，如图10-27所示；进入编辑模式，在"修改|分区"选项卡中选择"编辑草图"命令，如图10-28所示，墙的下侧蓝色框为工作平面。现在需要重新设置工作平面到外侧墙饰面砖层，选择"设

置"命令,如图10-29所示。

图10-27

图10-28

图10-29

第2步:打开"工作平面"对话框,然后选择"拾取一个平面"选项,单击"确定"按钮 确定 ,如图10-30所示;接着使用鼠标左键拾取到外面层,将蓝色框转换到外面层上,接着选择"线"工具 ,如图10-31所示。

图10-30

图10-31

第3步:现在就可以为零件绘制分割线。绘制图10-32所示的分割线,必须让分割线与蓝色线框相交,绘制完成后单击"完成编辑模式"按钮 ,效果如图10-33所示。

图10-32

图10-33

2. 编辑零件造型

选择零件部分，在"属性"面板中勾选"显示造型操纵柄"选项，零件上会显示控制柄，用户可以通过它们来改变零件造型，如图10-34所示。

图10-34

通过控制柄改变了零件形状后，如果对修改不满意，可以选择"重设形状"命令，让零件恢复为初始状态，如图10-35所示。另外，"编辑分区"命令同"编辑合并的零件"命令功能类似，在下面进行介绍。

图10-35

3. 合并零件

选择多个零件，然后选择"合并零件"选项，如图10-36所示，可以将多个零件合并起来。

图10-36

此时，在"修改|组成部分"选项卡中，可以选择"编辑合并的零件"选项，如图10-37所示；系统会自动切换到"修改|合并的零件"选项卡，用户可以对零件进行"添加"和"删除"操作，例如选择"添加"命令，然后拾取其他零件，并单击"完成编辑模式"按钮 ✓，即可将其他零件添加到当前合并的零件中，如图10-38所示。

图10-37　　　　　　图10-38

> **提示**　注意，"部件"和"零件"要根据项目需要进行创建，一般不宜过多，否则会增加模型大小，从而影响Revit的工作效率。

10.3 体量的介绍

建筑设计初期常常通过体量来快速创建建筑形体，体量是建筑建模的补充，是辅助建筑的初步设计工具。

本节内容介绍

名称	作用	重要程度
体量的分类	了解体量的分类	中
创建体量	掌握使用图形工具绘制体量的方法	高
编辑体量的形状图元	掌握形状图元的常用操作命令	中
体量的面模型	掌握体量的常用面模型	高

10.3.1 课堂案例：创建水塔

实例位置　实例文件>CH10>课堂案例：创建水塔.rfa
视频文件　课堂案例：创建水塔.mp4
学习目标　掌握体量的建模方法

水塔模型效果如图10-39所示。

图10-39

1. 新建概念体量

01 执行"文件>新建>概念体量"命令，如图10-40所示；打开"新概念体量-选择样板文件"对话框，选择"公制体量.rft"，并单击"打开"按钮 **打开(0)** ，如图10-41所示。

图10-40   图10-41

02 进入"体量"创建界面，然后使用鼠标左键双击"项目浏览器"中的"南"视图，进入南立面视图，如图10-42所示；接着单击"保存"按钮 或按快捷键Ctrl+S，最后在"另存为"对话框中设置名称和路径，如图10-43所示。

图10-42

图10-43

2. 创建标高和参照平面

01 创建标高。在"创建"选项卡中选择"标高"命令（快捷键为L+L），如图10-44所示，然后创建图10-45所示的标高。

图10-44

图10-45

提示 在创建过程中，可以通过控制视图下方的显示比例来设置视图的显示比例，如图10-46所示。

自定义...
1 : 1
1 : 2
1 : 5
1 : 10
1 : 20
1 : 25
1 : 50
1 : 100
1 : 200
1 : 500
1 : 1000
1 : 2000
1 : 5000

图10-46

02 创建参照平面。在"创建"选项卡中选择"平面"命令，如图10-47所示；然后进入"标高1"平面视图，创建图10-48所示的参照平面。

图10-47

图10-48

3. 创建水塔的第1块形体

选择"矩形"工具，创建图10-49所示的矩形轮廓，并选择"创建形状"命令；然后切换到三维视图，选中形体的上表面（将光标放在形体上表面，按Tab键可切换选中），并单击尺寸标注，将其设置为2000，如图10-50所示；效果如图10-51所示。

图10-49

图10-50

图10-51

4. 创建水塔的第2块形体

进入"标高2"平面视图，选择"圆形"工具⊙，然后创建图10-52所示的半径为2500mm的圆形轮廓，并选择"创建形状"命令；同样，切换到三维视图，选中圆柱体的上表面，设置尺寸标注为16300，如图10-53所示；效果如图10-54所示。

图10-52

图10-53　　　　图10-54

提示 在绘制圆形轮廓并选择"创建形状"命令后，会提示图10-55所示的图标：左边的表示创建圆柱体，右边的表示创建球体。

图10-55

5. 创建水塔的第3块形体

进入"标高3"平面视图，选择"圆形"工具 🔵，然后单击"在工作平面上绘制"按钮 📐，创建图10-56所

示的半径为3300mm的圆形轮廓，并选择"创建形状"命令；接着切换到三维视图，拖动蓝色小点到下面柱体的上表面，然后选择形体的上表面，设置尺寸标注为0，如图10-57所示；效果如图10-58所示。

图10-56

图10-57

图10-58

6. 创建水塔的第4块形体

进入"标高3"平面视图，然后选择"圆形"工具 🔵，并单击"在工作平面上绘制"按钮 📐，创建图

10-59所示的半径为2500mm的圆形轮廓，并选择"创建形状"命令；接着进入三维视图，选中圆柱体的上表面，设置尺寸标注为1000，如图10-60所示；效果如图10-61所示。

图10-59

221

图10-60 ⠀⠀⠀⠀⠀⠀⠀⠀⠀⠀⠀⠀⠀⠀⠀⠀⠀⠀⠀⠀⠀⠀⠀⠀⠀⠀⠀⠀⠀⠀⠀⠀图10-61

7. 创建水塔的第5块形体

01 创建第1个轮廓。进入"标高4"平面视图，选择"内接多边形"工具⊕，然后单击"在工作平面上绘制"按钮，接着设置"边"为16，最后创建图10-62所示的半径为2500mm的内接十六边形轮廓。

图10-62

02 创建第2个轮廓。进入"标高5"平面视图，选择"内接多边形"工具⊕，然后单击"在工作平面上绘制"按钮，接着设置"边"为16，最后创建图10-63所示的半径为7500mm的内接十六边形轮廓。

图10-63

03 创建形体。进入三维视图，按住Ctrl键，加选前面创建的两个十六边形的轮廓，然后执行"创建形状>实心形状"命令，如图10-64所示，效果如图10-65所示。

图10-64　　　　　　　　　　　　　　　　　　　　图10-65

8. 创建水塔的第6块形体

进入"标高5"平面视图，选择"圆形"工具，然后单击"在工作平面上绘制"按钮，创建图10-66所示的半径为7500mm的圆形轮廓，并选择"创建形状"命令；接着进入三维视图，选中形体的上表面，然后设置尺寸标注数值为1500，如图10-67所示；效果如图10-68所示。

图10-67

图10-66　　　　　　　　　　　　　　　　　　　　图10-68

9. 创建水塔的第7块形体

01 创建第1个轮廓。进入"标高6"平面视图，选择"内接多边形"工具，然后单击"在工作平面上绘制"按钮，设置"边"为16，接着创建图10-69所示的半径为7500mm的内接十六边形轮廓。

图10-69

02 创建第2个轮廓。进入"标高7"平面视图，选择"内接多边形"工具，然后单击"在工作平面上绘制"按钮，设置"边"为16，接着创建图10-70所示的半径为2500mm的内接十六边形轮廓。

图10-70

03 创建形体。进入三维视图，按住Ctrl键，选中前面创建的两个内接十六边形轮廓，然后执行"创建形状>实心形状"命令，如图10-71所示，效果如图10-72所示。

图10-71　　　　　　　　　　　　　　　　　　　　　　图10-72

10. 创建水塔的第8块形体

进入"标高7"视图，选择"矩形"工具□，然后单击"在工作平面上绘制"按钮◎，接着创建图10-73所示的矩形轮廓，选择"创建形状"命令；最后进入三维视图，并选中形体的上表面，设置尺寸标注数值为1500，如图10-74所示；水塔的最终效果如图10-75所示。

图10-73

图10-74

图10-75

> **提示** 完成创建后，按快捷键Ctrl+S将文件保存到最开始设置的文件中。

10.3.2 体量的分类

Revit中的体量分为"内建体量"和"体量族"两大类，具体如下。

内建体量：内建体量如同内建模型，只能在所建项目中使用。

体量族：同普通族一样，体量族的模型可载入任何项目中使用，例如前面创建的水塔就是体量族模型，因为我们将其保存为族文件。

10.3.3 创建体量

内建体量和体量族的建模方式一样，主要方式有拉伸、旋转、放样、融合和放样融合，这里以内建体量为例介绍体量的创建方式。

创建空白的项目样板，在"体量和场地"选项卡中选择"内建体量"命令，如图10-76所示；打开"名称"对话框，设置好名称，例如"体量1"，并单击"确定"按钮 确定 ，如图10-77所示；此时，视图窗口切换为体量创建视口，用户可以使用"绘制"工具绘制图形，然后通过拉伸、旋转拉伸、旋转、放样、融合和放样融合操作来生成形体，如图10-78所示。

图10-76

图10-77

图10-78

1. 拉伸

进入对应的平面视图，例如"标高1"，然后选择"线"工具，接着创建任意形状轮廓，按住Ctrl键选中轮廓，最后选择"创建形状"命令，如图10-79所示，即可拉伸轮廓深度，从而生成形体，如图10-80所示。

图10-79　　　　　　　　　　　　　　　　　　　　　图10-80

2. 旋转

选择"线"工具，先绘制旋转轴，然后绘制旋转的轮廓（旋转轴一定要比轮廓长），如图10-81所示；接着按住Ctrl键并选中旋转轴和轮廓，执行"创建形状>实心形状"命令，如图10-82所示；形体效果如图10-83所示。

图10-81

 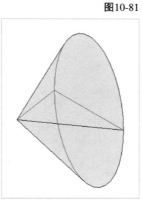

图10-82　　　　　　　　　　　　图10-83

227

3. 融合

第1步：选择"内接多边形"工具⊕，选择一个平面，例如"标高1"，接着设置"偏移"值，例如0，创建图10-84所示的轮廓。

图10-84

第2步：选择"圆形"工具⊙，然后单击"在工作平面上绘制"按钮▨，接着选择另一个平面，例如"标高2"，同样设置"偏移"值，创建图10-85所示的圆形轮廓。

图10-85

第3步：进入三维视图，然后按住Ctrl键，选中轮廓，接着执行"创建形状>实心形状"命令，如图10-86所示，融合生成的形体如图10-87所示。

图10-86   图10-87

4. 放样

第1步：选择"通过点的样条曲线"工具，然后进入一个平面视图，例如"标高1"，接着创建一条曲线，如图10-88所示。

图10-88

第2步：进入三维视图，选择"设置"命令，使用鼠标左键拾取垂直于曲线的面，然后选择"显示"命令，如图10-89所示。

图10-89

第3步：选择"圆形"工具 ，然后在工作平面上创建圆形轮廓，如图10-90所示；接着按住Ctrl键，选中圆形轮廓和路径，执行"创建形状>实心形状"命令，如图10-91所示；放样后的形体效果如图10-92所示。

图10-90

图10-91

图10-92

5. 放样融合

第1步： 紧接前面的放样操作，然后按快捷键Ctrl+Z撤销（后退一步），使用鼠标左键拾取曲线右侧的法线平面，接着选择"内接多边形"工具 ⊕ ，在拾取的工作平面上创建多边形轮廓，如图10-93所示。

图10-93

第2步： 按住Ctrl键，选中轮廓和路径，并执行"创建形状>实心形状"命令，如图10-94所示，放样融合后的形体如图10-95所示。

图10-94

图10-95

10.3.4 编辑体量的形状图元

对于创建的体量，其外形可能不能满足需求，这时需要对结构进行调整。编辑体量形状都是在"形状图元"模式下进行，双击体量模型，即可进入"形状图元"模式，用户可以在软件左下方查看，如图10-96所示；此时，会进入"修改|形式"选项卡，体量形状的编辑命令如图10-97所示。

图10-96

图10-97

1. 调整边位置

将光标放置在体量上，进入"形状图元"模式，然后通过Tab键切换到"边缘"模式，使用鼠标左键选择边缘后（例如某一条线），模型会出现拖曳控件，如图10-98所示。用户可以通过控件来调整选择对象的位置。

2. 透视显示形状图元

在"修改|形式"选项卡中选择"透视"命令，可以让体量模型半透明化显示，此时的角点和路径均会显示出来，方便编辑模型，如图10-99所示。

图10-98

图10-99

3. 添加边

进入"形状图元"模式，然后切换到"表面"模式，接着选择相应的表面，可以使用"添加边"命令在表面上添加边线，如图10-100所示。

图10-100

4. 添加轮廓

进入"形状图元"模式，然后选择相关表面，可以使用"添加轮廓"命令在体量轮廓面之间添加轮廓线，如图10-101所示。

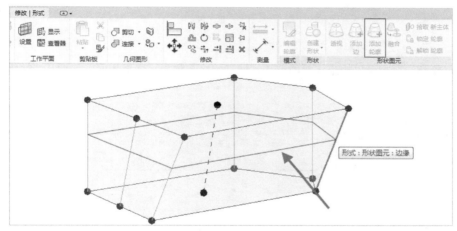

图10-101

5. 融合

删除体量的所有形状，只留下轮廓线，使用"融合"命令可以重新创建体量，操作过程如图10-102和图10-103所示。

图10-102

图10-103

6. 锁定轮廓

使用"锁定轮廓"命令可以约束体量的形状，使其始终与体量上轮廓相同，如图10-104所示，效果如图10-105所示。

图10-104

图10-105

7. 分割表面

使用"分割表面"命令可以将体量面分割成
网格，并在表面上生成网格线。使用鼠标左键拾
取到体量表面，然后选择"分割表面"选项，如
图10-106所示，效果如图10-107所示。

图10-106

图10-107

10.3.5 体量的面模型

前面介绍的是对体量的形状编辑，本节主要介绍对体量整体的编辑。在"形状图元"模式中选择"完成体量"
或"取消体量"命令（前者为确认修改，后者为取消修改），即可退回到"体量"模式，如图10-108所示；此
时，会进入到"修改|体量"选项卡，如图10-109所示。下面以一个建筑外框的例子来介绍体量模型的使用方法。

图10-108

图10-109

1. 创建体量楼板

第1步：选中体量模型，然后选择"修改|体量"的"体量楼层"命令，如图10-110所示；打开"体量楼层"对话框，勾选所有楼层（"标高"），并单击"确定"按钮 确定 ，如图10-111所示。

图10-110

图10-111

第2步：体量楼层创建完成，下面创建体量楼板。在"体量和场地"选项卡中选择"楼板"命令，如图10-112所示；然后在"属性"面板中选择楼板类型，例如"楼板 常规-300mm"，接着选择"选择多个"命令，最后选中所有体量楼层，并单击"创建楼板"命令，如图10-113所示；创建好的体量楼板效果如图10-114所示。

图10-112

图10-113

图10-114

2. 创建体量屋顶

选择"体量和场地"选项卡中的"屋顶"命令，如图10-115所示；然后在"属性"面板中设置屋顶类型，例如"基本屋顶 常规-400mm"，接着取消选择"选择多个"命令，最后单击体量顶面，如图10-116所示；体量屋顶的效果如图10-117所示。

图10-115

图10-116

图10-117

3. 创建体量墙

在"体量和场地"选项卡中选择"墙"命令，如图10-118所示；然后在"属性"面板中设置墙类型，例如"基本墙 常规-200mm"，接着选择"拾取面"工具，最后使用鼠标左键拾取体量表面，如图10-119所示；体量墙的效果如图10-120所示。

图10-118

237

图10-119

图10-120

4. 创建体量幕墙

在"体量和场地"选项卡中选择"幕墙系统"命令，如图10-121所示；然后在"属性"面板中选择幕墙类型，例如"幕墙系统 1500×3000mm"，接着选择"选择多个"命令，并使用鼠标左键拾取体量面，最后选择"创建系统"命令，如图10-122所示；体量幕墙的效果如图10-123所示。

图10-121

图10-122

图10-123

10.4 课堂练习：使用内建体量绘制柱脚

实例位置 实例文件>CH10>课堂练习：使用内建体量绘制柱脚.rvt
视频文件 课堂练习：使用内建体量绘制柱脚.mp4
学习目标 掌握内建体量的建模方法

柱脚模型如图10-124所示。

图10-124

10.4.1 创建标高/交叉轴网/参照平面

01 新建项目模板文件，然后进入"南"立面视图，将"标高2"设置为2400，如图10-125所示。

图10-125

02 在"建筑"选项卡中选择"轴网"命令，如图10-126所示；然后进入"标高1"平面视图，创建图10-127所示的交叉轴线。

图10-126

图10-127

03 在"建筑"选项卡中选择"参照 平面"命令，如图10-128所示；然后进入"标高1"平面视图，创建图10-129所示的参照平面。

图10-128

图10-129

10.4.2 创建内建体量

在"体量和场地"选项卡中选择"内建体量"命令，如图10-130所示；打开"名称"对话框，然后设置"名称"为"柱脚"，接着单击"确定"按钮 确定 ，如图10-131所示。

图10-130

图10-131

1. 创建柱脚的第1块形体

选择"矩形"工具|▢，再单击"在面上绘制"按钮▨，然后创建图10-132所示的矩形轮廓，并选择"创建形状"命令；接着进入三维视图，选中形体的上表面，并设置尺寸标注的数值为400，如图10-133所示；效果如图10-134所示。

图10-132

图10-133

图10-134

2. 创建柱脚的第2块形体

进入"标高1"平面视图，选择"矩形"工具▭，再单击"在面上绘制"按钮▨，创建图10-135所示的矩形轮廓，并选择"创建形状"命令；然后进入三维视图，选中形体的上表面，接着设置尺寸标注的数值为950，如图10-136所示；效果如图10-137所示。

图10-135

图10-136

图10-137

3. 创建柱脚的第3块形体

01 创建第一个轮廓。进入"标高1"平面视图，选择"矩形"工具🔲，然后单击"在面上绘制"按钮🔗，创建图10-138所示的矩形轮廓。

图10-138

02 创建第2个轮廓。进入"标高2"平面视图，选择"矩形"工具🔲，然后单击"在工作平面上绘制" 按钮🔗，创建图10-139所示的矩形轮廓。

图10-139

03 生成形体。进入三维视图，按住Ctrl键，选中前面创建的两个矩形轮廓，然后选择"创建形状"命令，如图10-140所示，效果如图10-141所示。

图10-140 图10-141

4. 创建柱脚的第4块形体

进入"标高2"平面视图，选择"矩形"工具□，然后单击"在面上绘制"按钮，创建图10-142所示的矩形轮廓，并选择"创建形状"命令；接着进入三维视图，选中形体的上表面，最后设置尺寸标注的数值为500，如图10-143所示；效果如图10-144所示。

图10-142

图10-143 图10-144

5.创建柱脚的第5块形体

进入"标高2"平面视图，选择"矩形"工具，然后单击"在面上绘制"按钮，创建图10-145所示的矩形轮廓，并执行"创建形状>空心形状"命令；接着进入三维视图，框选上侧形体，并选择"过滤器"命令，在"过滤器"对话框中勾选"体量（空心）"选项，单击"确定"按钮，如图10-146所示；最后设置尺寸标注的数值为3000，如图10-147所示；效果如图10-148所示。

图10-145

图10-146

图10-147

图10-148

提示 因为空心形体不可见，所以需要通过"过滤器"来选中。

10.4.3 指定柱脚材质

01 选择"修改"选项卡中的"连接"命令,如图10-149所示;然后使用鼠标左键从第1块形体开始选择,完成各形体的合并,如图10-150所示。

图10-149

图10-150

02 合并完成后,选中柱脚,设置"属性"面板的"材质"选项,如图10-151所示;打开"材质浏览器"对话框,选择"混凝土"材质,最后单击"确定"按钮 确定 ,如图10-152所示;柱脚效果如图10-153所示。

图10-151

图10-152

图10-153

10.5 课后习题：使用体量创建高层建筑

实例位置　实例文件>CH10>课后习题：使用体量创建高层建筑.rvt
视频文件　课后习题：使用体量创建高层建筑.mp4
学习目标　掌握体量的建模方法

请读者根据本章的知识完成图10-154所示的模型。

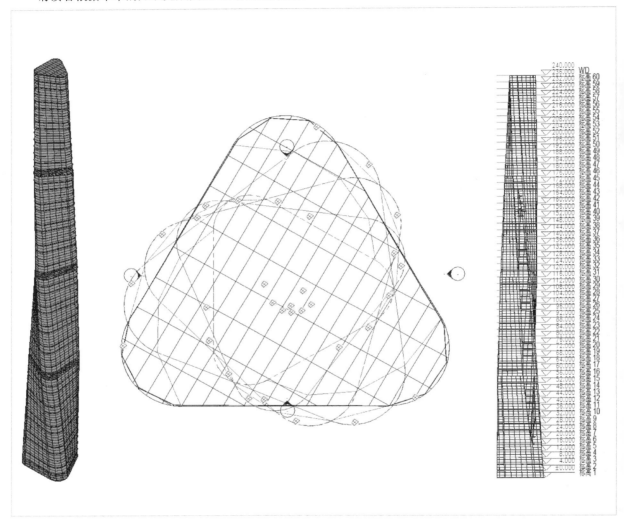

图10-154

第11章

族

本章将介绍Revit 2018中族的基本概念和创建方法。通过对本章的学习，读者将会对族的创建有基本的认识，并能创建常见的族。

课堂学习目标

- 掌握族的创建
- 掌握族的参数化
- 掌握内嵌族的操作方法
- 掌握族公式的设置方法

11.1 族模型的创建和编辑

族是Revit建模的基础，不论模型图元还是注释图元，都是由各种族构成的。掌握了族的建模人员对于模型的创建有更高效的能力。本节将对族的创建和族的参数化进行介绍。

本节内容介绍

名称	作用	重要程度
选择族样板文件	掌握族样板文件的创建方法	高
族的参数化	掌握锁定约束模型边线和设置参数数据的方法	高

11.1.1 课堂案例：创建装饰柱族模型

实例位置　实例文件>CH11>课堂案例：创建装饰柱族模型.rfa
视频文件　课堂案例：创建装饰柱族模型.mp4
学习目标　掌握族样板文件和族模型的创建方法

装饰柱族模型如图11-1所示。

图11-1

1.新建族文件

在"族"类别中选择"新建"命令，打开"新族-选择样板文件"对话框。然后选择"公制柱"文件，并单击"打开"按钮 打开(O) ，如图11-2所示，打开族的创建窗口，如图11-3所示。

图11-2

图11-3

2. 创建装饰柱族的第1块几何形体

01 在"项目浏览器"中使用鼠标左键双击"前"视图,进入模型的前立面视图,然后选择"旋转"命令,如图11-4所示;切换到"修改|创建旋转"选项卡,接着选择"轴线"命令,创建图11-5所示的轴线。

图11-4

图11-5

02 选择"线"工具 ⬚，创建图11-6所示的轮廓，然后单击"完成编辑模式"按钮 ✓，完成几何形体的创建，效果如图11-7所示。

图11-6   图11-7

3. 创建装饰柱族的第2块几何形体

进入"低于参照标高"平面视图，然后选择"创建"选项卡中的"拉伸"命令，如图11-8所示；接着选择"圆形"工具 ⬚，并在"属性"面板中设置"拉伸起点"和"拉伸终点"；最后在视图中创建图11-9所示的半径为450mm的圆形轮廓，并单击"完成编辑模式"按钮 ✓，效果如图11-10所示。

图11-8

图11-9   图11-10

4. 创建装饰柱族的第3块几何形体

01 在"项目浏览器"中使用鼠标左键双击"前"视图，进入前立面视图，然后选择"修改"选项卡中的"对齐"工具，并将创建的拉伸形体上边线锁定到"高于参照标高"上，具体操作方式如图11-11所示。

图11-11

02 选择"创建"选项卡中的"参照平面"命令，然后创建1和2两个参照平面，如图11-12所示。

图11-12

03 选择"注释"选项卡中的"对齐"命令，然后对三个参照平面进行标注，标注完成后单击标注上的EQ，如图11-13所示，使上、下标注等分。

图11-13

04 选中下侧形体，然后选择"修改|旋转"选项卡中的"镜像-拾取轴"工具，接着单击中间的参照平面，如图11-14所示，装饰柱族模型如图11-15所示。

图11-14   图11-15

11.1.2 选择族样板文件

在创建模型之前，都需要选择族样板文件。在"族"类别下选择"新建"命令，系统会打开"新建-选择样板文件"对话框，其中包含了不同的族样板类别，例如"公制窗""钢筋形状样板"等，用户可以在里面选择需要的族样板文件来创建需要的族模型，如图11-16所示。

图11-16

此时，系统会切换到族的创建窗口，如图11-17所示。用户可以在其中根据样板创建需要的族模型，创建命令包含"拉伸""融合""旋转""放样"和"放样融合"。

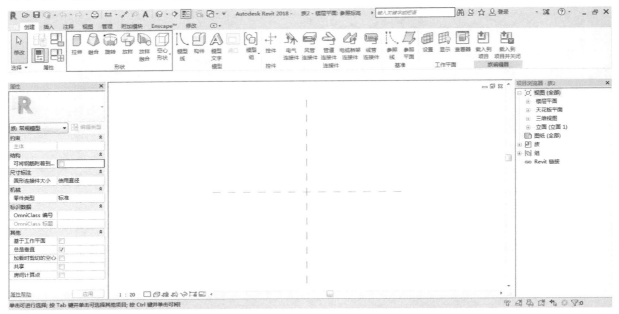

图11-17

> **提示** 族的形状创建方式与内建模型一样，这里就不赘述了，读者可查阅相关内容。

11.1.3 族的参数化

创建好族模型后，还需要对族模型文件进行一系列参数化设置，使该模型在被插入后，用户能对模型的相关信息有一定了解。下面以图11-18所示的楼梯族模型介绍参数化设置（主要为楼梯族模型的尺寸标注）的方法。

1. 锁定约束模型边线

在对模型进行参数化标注之前，建议将边线锁定约束，方便后面的参数化设置。

第1步： 双击"项目浏览器"中的"参照标高"视图，进入参照标高平面视图，然后选择"注释"选项卡中的"对齐"命令，对右侧的参照平面进行标注，并单击小锁，对其进行锁定，如图11-19所示。

图11-18

图11-19

第2步：选择"修改"选项卡中的"对齐"工具，然后单击一次右侧参照线，再单击右侧形体的边线，如图11-20所示；接着单击右侧形体的边线后，单击小锁，将形体的右边线锁定在参照平面上，如图11-21所示。

图11-20

图11-21

第3步：同理，将A形体的左边线锁定到1参照平面上、B形体的左边线锁定到2参照平面上、B形体的右边线锁定到3参照平面上、C形体锁定到3参照平面上，如图11-22所示。

2. 设定参数数据

第1步：选择"注释"选项卡中的"对齐"命令，然后对C形体进行标注，标注完成后单击小锁，将C形体的拉伸厚度进行锁定，如图11-23所示。

第2步：选择"注释"选择卡中的"对齐"命令，对C形体进行标注，如图11-24所示。

图11-22

图11-23

图11-24

第3步：选中C形体的标注，选择"修改|尺寸标注"选项卡中的"创建参数"工具，打开"参数属性"对话框，然后设置标注的"名称"，并单击"确定"按钮 确定 ，如图11-25所示。

图11-25

第4步：完成参数化设置后，单击"族类型"按钮，打开"族类型"对话框，相关参数如图11-26所示。此时，台阶的参数化完成。

图11-26

11.2 课堂练习：通过嵌套族创建百叶窗

实例位置　实例文件>CH11>课堂练习：通过嵌套族创建百叶窗.rfa
视频文件　课堂练习：通过嵌套族创建百叶窗.mp4
学习目标　掌握嵌套族、族公式的使用方法

　　本节将创建百叶窗族，并进一步介绍族的参数化，主要通过嵌套族的方式，先创建百叶个体族，再创建百叶窗框族，然后将百叶个体族载入到百叶窗框族中使用，并在百叶窗框族中关联百叶个体的参数。百叶窗族模型如图11-27所示。

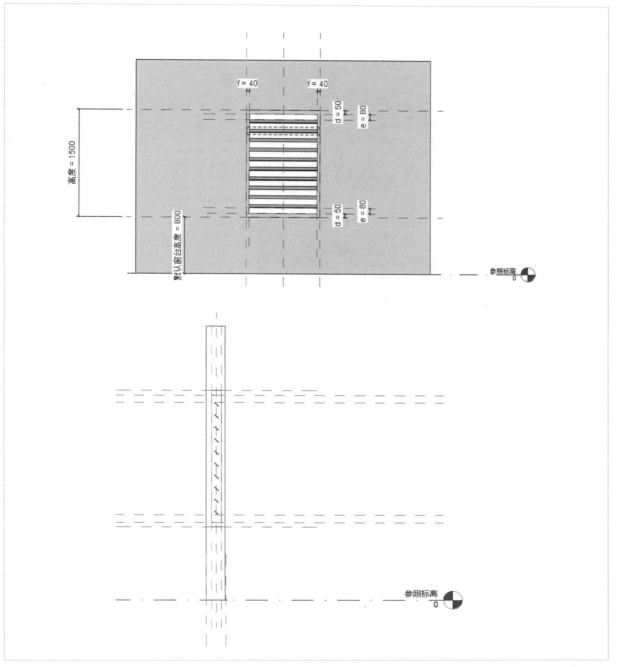

图11-27

11.2.1 创建百叶的叶扇

本节创建百叶的叶扇，主要运用"公制常规模型"的族样板文件来进行创建，下面介绍具体步骤。

1. 新建族文件

在"族"类别下选择"新建"命令，打开"新建-选择样板文件"对话框，然后选择"公制常规模型"族样板文件，并单击"打开"按钮 打开⑩ ，如图11-28所示。

图11-28

2. 创建参照平面

同样，虽然族样板文件有参照平面，但是为了更好地建模，还是需要再创建两个参照平面。

01 进入"右"立面视图，然后选择"创建"选项卡中的"参照平面"命令，创建图11-29所示的1、2参照平面。

02 分别选中1和2参照平面，然后使用"修改"选项卡中的"复制"工具复制出图11-30所示的参照平面。

图11-29　　　　　　　　　　　　　　　　　　　　　　　　　图11-30

3. 创建百叶形体

设置好参照平面后，下面开始百叶形体的创建。

01 选择"创建"选项卡中的"拉伸"命令，然后选择"线"工具☑，如图11-31所示，创建图11-32所示的轮廓。

图11-31

图11-32

02 在"修改|创建拉伸"选项卡中选择"对齐"工具🗐，将轮廓的4条边分别锁定到参照平面上，如图11-33所示。

图11-33

> **提示** 关于锁定约束的具体操作方法，可以参考"11.1.3 族的参数化"中的内容。

03 在"注释"选项卡中选择"对齐"命令，然后分别标注图中的参照平面，标注完成后使用鼠标左键单击 EQ，等分参照平面，如图11-34所示；接着单击"完成编辑模式"按钮 ✓，如图11-35所示。

图11-34

图11-35

4. 百叶的参数化设置

创建好百叶的形体后，就要考虑对百叶模型进行参数化设置，备注其重要属性。

01 在"注释"选项卡中选择"对齐"命令，对图11-36所示的参照平面进行标注。

02 选择标注8，然后单击"创建参数"按钮 ▣，打开"参数属性"对话框，接着设置"名称"为a，最后单击"确定"按钮 ▭确定▭，如图11-37所示。

图11-36

图11-37

03 选择标注60，然后单击"创建参数"按钮⊞，打开"参数属性"对话框，接着设置"名称"为b，最后单击"确定"按钮 <u>确定</u>，如图11-38所示。

图11-38

04 进入"参照标高"平面视图，然后选择"创建"选项卡中的"参照平面"命令，创建图11-39所示的两个参照平面。

图11-39

05 选择"注释"选项卡中的"对齐"命令，然后对参照平面进行标注，标注完成后单击"EQ"进行等分，如图11-40所示。

06 选择"修改"选项卡中的"对齐"工具 ，然后将形体的左右边锁定在参照平面上，如图11-41所示。

图11-40

图11-41

07 选择"注释"选项卡中的"对齐"命令，然后对参照平面进行标注，如图11-42所示。

08 选择标注706，然后单击"创建参数"选择 ，打开"参数属性"对话框，接着设置"名称"为c，最后单击"确定"按钮 [确定]，如图11-43所示。

图11-42

图11-43

11.2.2 创建百叶窗框

创建好百叶后，接下来创建百叶窗框，创建原理和百叶是类似的，下面具体说明制作方法。

1.新建族文件

执行"文件>新建>族"命令，如图11-44所示；打开"新建-选择样板文件"对话框，选择"公制窗"族样板文件，并单击"打开"按钮 [打开(O)]，如图11-45所示；窗族创建视图如图11-46所示。

图11-44

图11-45

图11-46

2. 创建参照平面

01 进入"外部"立面视图，然后选择"创建"选项卡中的"参照平面"命令，创建图11-47所示的参照平面。

图11-47

02 选择"注释"选项卡中的"对齐"命令，然后对参照平面进行标注，如图11-48所示。

03 下面为窗框添加参数。选择对应的标注，然后单击"创建参数"按钮 ，进行图11-49所示的"名称"设置。

图11-48   图11-49

04 选择"族类型"工具 ，打开"族类型"对话框，然后设置新添加参数的"尺寸标注"，接着单击"新建类型"按钮 ，打开"名称"对话框，设置"名称"为"百叶窗"，并单击"确定"按钮 [确定]，关闭"名称"对话框，最后单击"确定"按钮 [确定]，完成族类型的设置，如图11-50所示。

图11-50

3. 创建百叶窗框形体

01 切换到"创建"选项卡，选择"拉伸"命令，如图11-51所示；然后选择"矩形"工具▢，创建图11-52所示的矩形，并分别单击矩形边的小锁▢，将其锁定在参照平面上。

图11-51   图11-52

02 用同样的方法继续绘制第2个矩形框，同样将矩形的4条边锁定在参照平面上，并单击"完成编辑模式"按钮 ✓，如图11-53所示。

03 进入"参照标高"平面视图，然后选择"注释"选项卡中的"对齐"命令，接着对创建的拉伸形体进行标注，标注完成后单击EQ，等分拉伸形体，如图11-54所示。

图11-53   图11-54

04 用同样的方法，再次选择"注释"选项卡中的"对齐"命令，继续对拉伸形体进行标注，如图11-55所示。

图11-55

05 选中，然后单击"创建参数 "按钮，打开"参数属性"对话框，设置"名称"为"窗框厚度"，接着单击"确定"按钮 确定 ，如图11-56所示。

图11-56

06 单击"窗框厚度"尺寸标注，然后在编辑框中输入100，如图11-57所示。

图11-57

11.2.3 内嵌百叶到窗框

下面将百叶族模型文件嵌入到百叶窗框中，然后关联相关参数，在百叶外框中直接使用百叶的族模型文件。

1. 载入百叶模型

打开"切换窗口"工具的下拉菜单，选择前面创建的百叶族文件，如图11-58所示；然后选择"载入到项目"命令，如图11-59所示；接着将载入的"百叶"放置在窗框的中心位置，如图11-60所示。

> **提示** 对于此步骤和后面步骤中的百叶模型的命名，因为作者在建模的时候就已经命名且存储了相关文件，因此是书中的命名。读者在建模的过程中，请根据自己的实际命名选择对应文件。

图11-58

图11-59

图11-60

2. 关联百叶的参数

01 选择"百叶"模型，然后在"属性"面板中选择"编辑类型"命令，打开"类型属性"对话框，接着单击"尺寸标注"中c右侧的"关联族参数"按钮，如图11-61所示。

图11-61

02 打开"关联族参数"对话框，然后单击"新建参数"按钮，在"参数属性"对话框中设置"名称"为c，接着单击"确定"按钮，关闭"参数属性"对话框，如图11-62所示。

图11-62

03 选择新添加的参数c，然后单击"确定"按钮，完成参数c的关联，如图11-63所示；参数关联后，百叶参数中的参数c为灰显，表示不可编辑，再次单击"确定"按钮，如图11-64所示。

图11-63

图11-64

11.2.4 编辑百叶

本节先对百叶的长度进行公式设置，使其长度随宽度值变化，接着通过"阵列"工具设置百叶的个数，并对百叶个数进行参数添加，使其随着高度变化而变化，完成百叶窗的制作，具体操作方法如下。

1. 设置公式和阵列百叶

01 单击"族类型"按钮，打开"族类型"对话框，然后设置"尺寸标注"中c的长度公式为"宽度-2*f"（f为窗边框厚度），接着单击"确定"按钮，如图11-65所示。

02 进入"右"立面视图，然后选择百叶模型，接着选择"移动"工具，将百叶移动到图11-66所示的位置。

图11-65   图11-66

03 选择"修改"选项卡中的"对齐"工具，然后使用鼠标左键单击参照平面，接着移动鼠标光标到图11-67所示的箭头位置，最后按键盘上的Tab键，切换选择到百叶的下角点，并单击小锁，将其锁定到参照平面上，如图11-68所示。

图11-67   图11-68

04 选择百叶，选择"修改|常规模型"选项卡中的"阵列"工具，然后设置"项目数"为10、"移动到"为"最后一个"，接着使用鼠标左键选择百叶的上角点，如图11-69所示；最后单击图11-70所示的箭头位置，完成百叶的阵列操作。

图11-69   图11-70

05 选择"修改"选项卡中的"对齐"工具，然后使用鼠标左键单击参照平面，接着将鼠标光标移动到图11-71所示的箭头位置；最后按键盘上的Tab键，切换选择到百叶的上角点，并单击小锁，将其锁定到参照平面上，如图11-72所示。

图11-71   图11-72

2. 为百叶窗个数添加参数

01 进入"外部"立面视图，选中阵列线，如图11-73所示；然后在选项栏中选择"添加参数"命令，如图11-74所示。

图11-73

图11-74

02 打开"参数属性"对话框，设置"名称"为"百叶个数"，然后单击"确定"按钮 ▭ 确定 ▭ ，如图11-75所示。

图11-75

03 对百叶个数进行公式设置，使其个数随高度值变化。单击"族类型"按钮 ▤，打开"族类型"对话框，设置"百叶个数"的公式为"高度/150"，然后单击"确定"按钮 ▭ 确定 ▭ ，如图11-76所示，创建好的百叶窗族模型如图11-77所示。

图11-76

图11-77

> **提示** 在Revit 2018中，创建族之前要先对目标形体进行分析，即由哪些几何形体组成。对其进行分解后，再通过基本形体拼装。

11.3 课后习题：创建沙发族模型

实例位置　实例文件>CH11>课后习题：创建沙发族模型.rfa
视频文件　课后习题：创建沙发族模型.mp4
学习目标　掌握族模型的拉伸、融合和放样操作

本练习是一个折叠沙发的族模型，该模型结构比较简单，包含"拉伸""融合"和"放样"等命令的使用。读者可以参考实例文件来进行创建。沙发模型的效果如图11-78所示。

图11-78

第12章

综合案例实训：阶梯教室

通过前面章节的学习，读者应该对Revit建模已经有了一个较全面的了解。本例将整合前面学习的内容，创建一个完整的建筑项目，请读者灵活运用前面章节学习过的"标高""轴网""墙""门""窗""楼梯""楼板"和"屋顶"等知识，完成本建筑项目。

课堂学习目标

- 掌握模型的创建流程
- 掌握圆弧形建筑的轴网绘制方法
- 掌握阶梯草图的编辑方法
- 掌握门窗的放置方法
- 掌握异形屋顶的创建方法

12.1 案例介绍

实例位置　实例文件>CH12>综合案例实训：阶梯教室.rvt
视频文件　综合案例实训：阶梯教室1~4.mp4
学习目标　掌握族样板文件和族模型的创建方法

　　虽然本例不同于前面学习过的建筑模型，是一个圆弧形态的建筑，但是建模思路与前面学习过的基本类似。在创建本例模型时，请读者着重注意圆弧形态的部分，只要能精准地画出弧形"轴网"和相交"轴网"，后面的建筑构件就可以使用前面学过的知识来进行创建。另外，本例部分平面图因为书面展示的局限性，不能完全看清，读者可以查看学习资源中的参考平面图。阶梯教室的效果如图12-1所示。

图12-1

12.2 绘制标高和轴网

在建模之前，需要新建项目文件，并将项目保存到合适的位置，然后绘制建筑的标高和轴网，为后续建模做好准备。

12.2.1 新建项目样板文件

01 执行"文件>新建>项目"命令，如图12-2所示；打开"新建项目"对话框，选择"建筑样板"文件，接着单击"确定"按钮 确定(O)，如图12-3所示。

图12-2

图12-3

02 单击"保存" 按钮，打开"另存为"对话框，然后单击"选项"按钮 选项(P)...，设置"最大备份数"为3，接着单击"确定"按钮 确定(O)，设置好"文件名"和保存路径，最后单击"保存"按钮 保存(S)...，如图12-4所示。

图12-4

12.2.2 绘制标高

01 在"项目浏览器"中展开"立面（建筑立面）"选项，然后使用鼠标左键双击"南"视图，进入南立面视图，如图12-5所示；接着更改"标高"的名称，修改"标高1"为"F1"、"标高2"为"F2"，结果如图12-6所示。

图12-5　　　　　　　　　　　　图12-6

02 调整F2的标高，如图12-7所示，将一层与二层之间的层高修改为5000（5m）。

图12-7

12.2.3 绘制轴网

在绘制阶梯教室的轴网之前，可以先观察图12-1所示的三维模型图，该模型不同于前面介绍的小别墅或者会所，阶梯教室可理解为扇形结构，所以它的轴网结构主要以弧形轴线和相交的直轴线为主。

1. 创建直轴线

本例的模型是扇形结构，直轴线可以理解为扇形的半径，它们都会相交于一点（圆心），因此可以先绘制出一条垂直或水平的轴线，然后根据需求来旋转复制得到其他轴线。

01 在"项目浏览器"中双击"楼层平面"选项下的F1视图，进入一层（首层）平面视图，如图12-8所示。

图12-8

02 绘制垂直轴线。在"建筑"选项卡中选择"轴网"命令，如图12-9所示；然后在"修改|放置 轴网"选项卡中选择"线"工具，如图12-10所示；接着在视图范围内单击一点，然后垂直向下移动光标，最后单击鼠标左键，完成"轴线1"的绘制，如图12-11和图12-12所示。

图12-9

图12-10

图12-11   图12-12

03 选中"轴线1"，在"属性"面板中选择"编辑类型"选项，打开"类型属性"对话框，然后设置"轴线中段"为"连续"，接着勾选"平面视图轴号端点1"，并取消勾选"平面视图轴号端点2"选项，最后单击"确定"按钮，如图12-13所示，效果如图12-14所示。

图12-13

图12-14

04 通过旋转复制创建剩余直轴线。选中"轴线1"，进入"修改|轴网"选项卡，然后选择"旋转"工具，并在选项栏中勾选"复制"选项，如图12-15所示；此时"轴线1"上会出现蓝色小点，即旋转中心，如图12-16所示；单击蓝色小点，将其移动到"轴线1"的下端点，接着单击轴线，向右移动光标，旋转20°，复制出"轴线2"，如图12-17所示。

图12-15

05 用同样的方法复制出5条"轴线"，"轴线2"和"轴线7"之间相邻"轴线"的夹角依次为2.5°、5°、7.5°、5°、5°，如图12-18所示。

图12-16　　　　　　　图12-17　　　　　　　　　　　　　　　图12-18

06 选择"轴线7"，在"修改|轴网"选项卡中选择"复制"工具，然后选择"轴线7"，将其沿平行于"轴线7"的方向移动，然后单击鼠标，接着设置距离为2000，创建出"轴线8"，如图12-19所示。

图12-19

2. 绘制弧形轴网

01 执行"建筑>基准>轴网"命令，如图12-20所示；然后在"修改|放置 轴网"选项卡中选择"圆心-端点弧"工具，接着单击轴线的交点，然后沿着"轴线1"移动光标，在距离轴线交点10000处单击鼠标左键，作为弧形轴线的第1点，如图12-21所示。

图12-20

图12-21

02 单击"轴线7"，将弧形轴线与"轴线7"的交点作为弧形轴线的第2点，如图12-22所示。

图12-22

03 选择创建的弧形轴线，修改标头文字为A，完成"轴线A"的创建，如图12-23所示。

图12-23

04 按上述方法，创建剩余的"轴线B"~"轴线G"，它们的半径依次为15000、21000、27000、33000、37500、39620，如图12-24所示，阶梯教室的轴网效果如图12-25所示。

图12-24

图12-25

> **提示** 注意，"轴线G"的第2个弧形点是与"轴线8"的交点。另外，在绘图步骤中，为了方便读者观察轴线间的结构，作者将标头比例缩小了，读者可以在软件视图下方设置相关比例来调标头标号的大小。

12.3 创建墙体

完成"轴网"的绘制后，就可以根据"轴网"来绘制阶梯教室的墙体了。墙体分为内墙、外墙和外墙护围，下面依次介绍绘制方法。

12.3.1 设置墙类型

01 新建墙类型。双击F1进入一层平面视图，执行"建筑>墙>墙:建筑"命令（快捷键为W+A），激活墙体绘制功能，如图12-26所示；然后在"属性"面板中的"类型选择器"中选择"基本墙 常规-200mm"类型，并选择"编辑类型"选项，打开"类型属性"对话框，接着单击"复制"按钮 ，设置"名称"为"外墙-白色涂料"，最后单击"确定"按钮 ，如图12-27所示。

图12-26

图12-27

279

02 设置墙层和各墙层材质等参数。继续在"类型属性"对话框中单击"结构"后的"编辑"按钮 [　　　编辑…　　　]，打开"编辑部件"对话框，然后单击"插入"按钮 [　插入(I)　]，如图12-28所示；插入新的墙层，设置图12-29所示的"功能"顺序和参数，并单击"确定"按钮 [　确定(O)　]。

图12-28

图12-29

03 按照步骤01的方式创建阶梯教室其他墙类型为"内墙-240"，具体参数设置如图12-30所示。

图12-30

12.3.2 创建外墙

01 设置墙体实例参数。按快捷键W+A激活墙体绘制功能，然后在"属性"面板设置墙体类型为"外墙-白色涂料"，接着设置"定位线"为"墙中心线"、"底部约束"为F1、"底部偏移"为0、"顶部约束"为"直到标高:F2"、"顶部偏移"为0，如图12-31所示。

图12-31

02 选择"拾取线"工具 [图]，如图12-32所示；然后移动光标，使用鼠标依次单击"轴线1""轴线A"和"轴线7"，创建外墙，如图12-33所示。

图12-32

图12-33

03 进入"修改"选项卡，然后单击"修剪/延伸为角"按钮，接着使用鼠标左键单击"轴线1"的墙体，再单击"轴线A"的墙体，对外墙进行修剪，如图12-34所示。

图12-34

04 用同样的方法依次单击"轴线7"和"轴线A"，对墙体进行修剪，如图12-35所示。

图12-35

05 用前面的方法创建出图12-36所示的外墙。

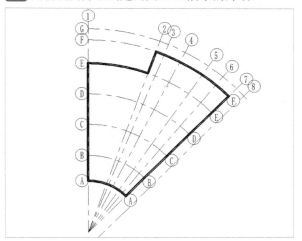

图12-36

12.3.3 创建内墙

01 按快捷键W+A激活墙体绘制功能，然后在"属性"面板中设置墙体类型为"内墙-240"，具体参数设置如图12-37所示。

图12-37

02 同样，使用"拾取线"工具 和"轴网"绘制出内墙，并通过内墙编辑点调整内墙范围，如图12-38所示。

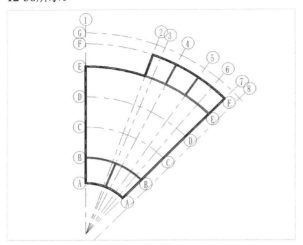

图12-38

12.3.4 创建外墙护围

01 按快捷键W+A键激活墙体绘制功能，在"属性"面板中设置墙体类型为"基本墙 常规-200"，具体参数设置如图12-39所示。

图12-39

02 使用"拾取线"工具 结合"轴网"绘制出外墙护围，并调整墙的范围，如图12-40所示，整个墙体效果如图12-41所示。

图12-40

图12-41

> **提示** "轴8"的墙长度为11048。

12.4 创建柱

柱的创建比较简单，整个场景的柱有两种规格，分别为"800×800"和"500×500"。

01 进入F1平面视图，然后执行"建筑>柱>结构柱"命令，如图12-42所示；接着在"属性"面板中设置柱类型为"混凝土-正方形-柱 柱800×800"，具体参数设置如图12-43所示。

图12-42

图12-43

> **提示** 在创建"500×500"的柱时，"约束参数"也是一样的。

02 使用鼠标左键单击F1视图中需要创建柱的地方。柱的分布如图12-44所示，三维效果如图12-45所示。

图12-44

图12-45

> **提示** 图12-44中的大柱子为"800×800"的、小柱子为
> "500×500"的。

12.5 创建门窗

下面在墙体上创建门窗，门窗的创建主要涉及载入门窗族、新建门窗类型、创建门和更改门标记名称。

12.5.1 载入门窗族

在"插入"选项卡中选择
"载入族"命令，如图12-46所
示；打开"载入族"对话框，打
开"建筑>门>普通门>推拉门>
双扇推拉门2.rfa"族文件，并单
击"打开"按钮 打开(O) ，完
成门的载入，如图12-47所示。

图12-46

> **提示** 按上述步骤依次载入
> "建筑>门>普通门>平开门>单扇
> >单嵌板木门 4.rfa""建筑>窗>普
> 通窗>组合窗>组合窗-双层四列(两
> 侧平开)-上部固定.rfa"和"建筑
> >窗>普通窗>平开窗>双扇平开-带
> 贴面.rfa"文件。

图12-47

12.5.2 新建门窗类型

01 在"建筑"选项卡中选择"门"命令，快捷键为D+R，激活门绘制功能，然后在"属性"面板中设置门类型为"双扇推拉门2 1500×2100mm"，接着选择"编辑类型"选项，打开"类型属性"对话框，并在"材质和装饰"中设置"玻璃"为"玻璃"、"门嵌板材质"为"门-嵌板"、"框架材质"为"门-框架"，最后单击"复制"按钮 [复制(D)...] ，设置"名称"为"M1521"，并单击"确定"按钮 [确定(O)] ，如图12-48所示。

图12-48

02 按上述步骤命名"单嵌板木门4 900×2100mm"为M0921、"组合窗 双层四列(两侧平开)-上部固定.rfa"为C3624、"双扇平开-带贴面 1800×900mm"为C1809（窗的底高度都为900），M0921和C1809两扇门的相关材质参数如图12-49和图12-50所示。

图12-49

图12-50

12.5.3 创建门和更改门标记名称

01 按快捷键D+R激活门绘制功能，然后在"属性"面板中设置门类型为M0921，接着单击"在放置时进行标记"命令，最后将光标移动到"轴线1"的AB段，此时会出现门与周围墙体距离的蓝色相对临时尺寸，单击鼠标左键放置门，如图12-51所示。

> **提示** 放置门前可以按Space（空格）键调整门的开启方向。

02 单击门与"轴线B"的临时尺寸，输入240，精确定位门位置，如图12-52所示，效果如图12-53所示。

图12-51　　　　　　　　图12-52　　　　　　　　图12-53

03 更改门标记名称。拾取门标记，在"修改|门标记"选项卡中选择"编辑族"命令，如图12-54所示；打开编辑族的窗口，选择1t，单击"编辑标签"命令，如图12-55所示。

图12-54　　　　　　　　　　　　　　　　　　　　　　　　　　　　图12-55

04 打开"编辑标签"对话框，选择"标签参数"中的"类型标记"选项，然后单击"从标签中删除参数"按钮 ，删除"类型标记"，如图12-56所示；接着选择"类别参数"中的"类型名称"选项，最后单击"将参数添加到标签"按钮 ，添加"类型名称"，并单击"确定"按钮 ，如图12-57所示。

图12-56

图12-57

05 选择"载入到项目"命令，如图12-58所示；然后在"族已存在"对话框中选择"覆盖现有版本"选项，完成标签名字更改，如图12-59所示；标签效果如图12-60所示。

图12-58 　　　　　　　　　　图12-59 　　　　　　　　　　图12-60

> **提示** 门标记只需改一次，其他门会自动更新。另外，窗的操作也一样，这里不再赘述。

12.5.4 创建剩下的门窗

01 按照前面的方法创建剩下的门窗，门窗位置和标注如图12-61所示。

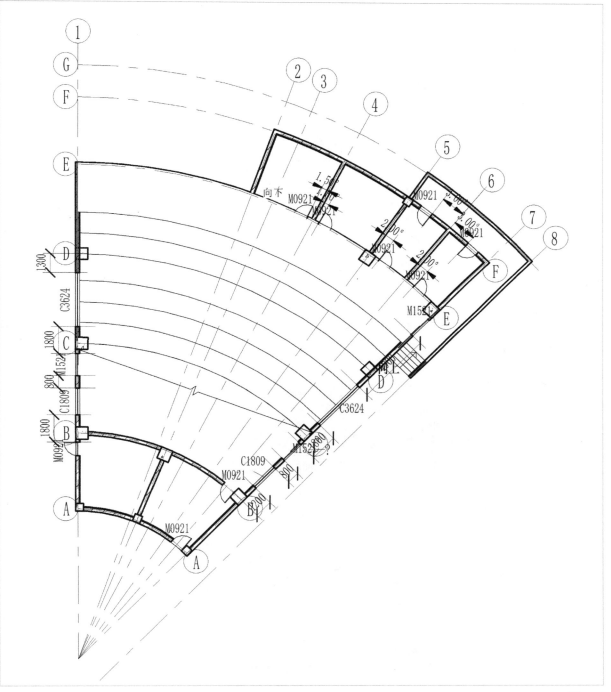

图12-61

提示 因为图12-61太大，书中不能完全展示，所以在学习资源中配备了原图，读者可以查看原图来操作。

02 选择图12-61所示的门M0921和M1521，然后设置它们的"底高度"为1050，如图12-62所示。

图12-62

03 进入三维视图，选中窗C1809，将其"底高度"设置为2400，如图12-63所示，完成后的门窗效果如图12-64所示。

图12-63

图12-64

12.6 创建楼板和阶梯

本例主要创建阶梯教室的地面部门，包含楼板和阶梯两部分。其中，楼板包含阶梯教室地面和外墙护围地面（有高度），阶梯包含阶梯教室的阶梯和外墙护围的楼梯。

12.6.1 创建阶梯教室的地面楼板

在"建筑"选项卡中执行"楼板>楼板:建筑"命令（快捷键为S+B），激活楼板绘制功能，然后在"属性"面板中设置楼板类型为"楼板-200"，如图12-65所示；接着选择"拾取线"工具，拾取图12-66所示的外墙面绘制边界线，最后单击"完成编辑模式"按钮。

图12-65

图12-66

> **提示** 在绘制楼板边界线时，一定要确认"属性"面板的"标高"为F1、"自标高的高度"为0，因为是地面，所以不需要厚度。

12.6.2 创建外墙的护围楼板

在"建筑"选项卡中执行"楼板>楼板:建筑"命令（快捷键S+B），激活楼板绘制功能，然后在"属性"面板中设置楼板类型为"楼板-200"，如图12-67所示；接着选择"拾取线"工具，并设置"自标高的高度"为1050，最后拾取图12-68所示的轴线绘制边界线，并单击"完成编辑模式"按钮。

图12-67

图12-68

> **提示** 外墙护围的楼板是通过台阶上去的，所以本身是有高度（厚度）的，这里的1050表示该处高度为1.05m。

12.6.3 创建阶梯教室的阶梯

这里采用草图绘制的方式来创建阶梯教室的阶梯，具体方法如下。

1. 创建边界线

01 在"建筑"选项卡中选择"楼梯"命令，如图12-69所示；然后选择"创建草图"工具 ✎，如图12-70所示；接着选择"拾取线"工具 ⬚，如图12-71所示。

图12-69　　　　　　　　　图12-70　　　　　　　　　图12-71

02 移动光标到"轴线1"的墙体上，然后按Tab键，直到选中"轴线1"，接着单击鼠标左键，创建边界线，如图12-72所示；最后用同样的方法创建"轴线7"的边界线，如图12-73所示。

图12-72　　　　　　　　　　　　　　　　　　　　　　　　图12-73

2. 创建楼梯踢面线

01 选择"踢面"命令，然后选择"拾取线"工具 ⬚，接着单击C轴线，创建第1条踢面线，如图12-74所示。

02 选中前面绘制的踢面线，然后选择"偏移"工具 ⬒，设置"偏移"为1400，接着勾选"复制"选项，最后单击已经创建好的踢面线，创建新的踢面线，如图12-75所示。

图12-74

图12-75

> **提示**　单击踢面线的时候，注意新建的踢面线在已有踢面线的上面。

03 用前面的方法继续创建踢面线，具体尺寸如图12-76所示，创建完成后单击"完成编辑模式"按钮 ✓ 。

图12-76

3. 改变楼梯方向

选择楼梯，单击"翻转楼梯"的小箭头，如图12-77所示，效果如图12-78所示。

图12-77   图12-78

12.6.4 创建楼梯

选择"建筑"选项卡中的"楼梯"命令，如图12-79所示；然后在"属性"面板中设置楼梯类型为"组合楼梯"，并设置具体参数，接着选择"梯段"后的"直梯"工具🖻，最后在外墙护围楼板处创建楼梯，并单击"完成编辑模式"按钮 ✓ ，如图12-80所示；效果如图12-81所示。

图12-79

图12-80

图12-81

12.7 创建屋顶

本节进行阶梯教室的封顶操作，即屋顶的创建。在创建屋顶时，本例根据阶梯教室的特点，将屋顶分为了两部分：一部分是阶梯地面和最高阶梯屋子的迹线屋顶，另一部分是阶梯部分的异形屋顶。

12.7.1 创建迹线平屋顶

01 在"建筑"选项卡中执行"屋顶>迹线屋顶"命令，如图12-82所示；然后在"属性"面板中设置屋顶类型为"基本屋顶 常规-150"，并设置"底部标高"为F2、"自标高的底部偏移"为−150，接着取消勾选"定义坡度"选项，并选择"拾取线"工具，最后在视图中创建图12-83所示的轮廓，并单击"完成编辑模式"按钮。

图12-82

图12-83

02 用同样的方法创建最高阶梯处的房间的屋顶，如图12-84所示，效果如图12-85所示。

图12-84

图12-85

12.7.2 创建异形屋顶

异形屋顶是阶梯教室中阶梯部分上面的屋顶，在创建时可以分为两块来创建。

1. 异形屋顶1

01 进入三维视图，在"建筑"选项卡中执行"构件>内建模型"命令，如图12-86所示；打开"族类别和族参数"对话框，选择"屋顶"类别，并单击"确定"按钮 确定(O) ，如图12-87所示；打开"名称"对话框，设置"名称"为"屋顶1"，最后单击"确定"按钮 确定(O) ，如图12-88所示。

图12-86　　　　　　　　　　　图12-87　　　　　　　　　　　图12-88

02 在"创建"选项卡中选择"放样"命令，如图12-89所示；然后在"修改|放样"选项卡中选择"拾取路径"命令，如图12-90所示；接着拾取屋顶的上边缘线，并单击"完成编辑模式"按钮 ✓，如图12-91所示。

图12-89　　　　　　　　　　　　　　　　　　　　图12-90

图12-91

03 单击"右"，进入三维视图的右立面视图，然后在"修改|放样"选项卡中选择"编辑轮廓"命令，如图12-92所示。

图12-92

04 选择"线"工具 ，然后创建图12-93所示的尺寸轮廓，并单击"完成编辑模式"按钮 ；接着继续单击"完成编辑模式"按钮 ，如图12-94所示；最后单击"完成模型"按钮 ，如图12-95所示；效果如图12-96所示。

图12-93

图12-94

图12-95

图12-96

2. 异形屋顶2

01 进入三维视图，在"建筑"选项卡中执行"构件>内建模型"命令，如图12-97所示；打开"族类别和族参数"对话框，选择"屋顶"文件，并单击"确定"按钮 确定(0)，如图12-98所示；打开"名称"对话框，设置"名称"为"屋顶2"，最后单击"确定"按钮 确定(0)，如图12-99所示。

图12-97

图12-98

图12-99

02 在"创建"选项卡中选择"放样"命令，如图12-100所示；然后在"修改|放样"选项卡中选择"拾取路径"命令，如图12-101所示；接着拾取"异形屋顶1"的上边缘线，最后单击"完成编辑模式"按钮 ✓，如图12-102所示。

图12-100

图12-101

图12-102

03 单击"右"，进入三维视图的右立面视角，然后在"修改|放样"选项卡中选择"编辑轮廓"命令，如图12-103所示。

图12-103

04 选择"线"工具，创建图12-104所示的尺寸轮廓；然后单击"完成编辑模式"按钮 ✓ ，接着继续单击"完成编辑模式"按钮 ✓ ，如图12-105所示；最后单击"完成模型"按钮 ✓ ，如图12-106所示；效果如图12-107所示。

图12-104

图12-105

图12-106

图12-107

12.7.3 将外墙附着到屋顶

选中墙体，然后在"修改|墙"选项卡中选择"附着顶部/底部"命令，接着单击目标屋顶，将外墙附着到屋顶上，如图12-108所示。至此，阶梯教室的创建完成，效果如图12-109所示。

图12-108

图12-109

附录1 Revit常用快捷键

建模与绘图	快捷键
墙	W+A
门	D+R
窗	W+N
放置构件	C+M
房间	R+M
房间标记	R+T
轴线	G+R
文字	T+X
对齐标注	D+I
标高	L+L
工程点标注	E+L
绘制参考平面	R+P
按类别标记	T+G
模型线	L+I
详图线	D+L

捕捉替代常用工具	快捷键
捕捉远距离对象	S+R
象限点	S+Q
垂足	S+P
最近点	S+N
中点	S+M
交点	S+I
端点	S+E
中心	S+C
捕捉到云点	P+C
点	S+X
工作平面网络	S+W
切点	S+T
关闭替换	S+S
形状闭合	S+Z
关闭捕捉	S+O

标记修改工具	快捷键
图元属性	P+P或Ctrl+1
删除	D+E
移动	M+V
复制	C+O
定义旋转中心	R+3或空格键
旋转	R+O
阵列	A+R
镜像–拾取轴	M+M
创建组	G+P
锁定位置	P+P
解锁位置	U+P
匹配对象类项	M+A
线处理	L+W
填色	P+T
拆分区域	S+F
对齐	A+L
拆分图元	S+L
修剪延伸	T+R
在整个项目中选择全部实例	S+A
偏移	O+F
重复上一个命令	R+C或Enter
恢复上一次选择	Ctrl+←

控制视图	快捷键
区域放大	Z+R
缩放配置	Z+F
上一次缩放	Z+P
动态视图	F8或Shift+W
线框显示模式	W+F
隐藏线显示模式	W+F
带边框着色显示模式	S+D
细线显示模式	T+L
视图图元属性	V+P
可见性图形	V + V／V + G
临时隐藏图元	H+H
临时隔离图元	H+I
临时隐藏类别	H+C
临时隔离类别	I+C
重设临时隐藏	H+R
隐藏图元	E+H
隐藏类别	V + H
取消隐藏图元	E+U
取消隐藏类别	V+U
切换显示隐藏图元模式	R+H
渲染	R+R
快捷键定义窗口	K+S
视图窗口平铺	W+T
视图窗口层叠	W+C

附录2 Revit 2018安装配置清单

最低配置清单

操作系统	Windows 7 64 位 Windows 8.1 64 位 Windows 10 64 位
CPU 类型	核心配置4核 i3或同级AMD
显卡	至少1GB显存的N卡或A卡，支持 DirectX 11 和Shader Model 3
内存	4GB
显示器	分辨率为1280×1024的真彩色显示器
磁盘空间	5GB
浏览器	Microsoft Internet Explorer 7.0
网络	连接状态

性价比配置清单

操作系统	Windows 7 64 位 Windows 8.1 64 位 Windows 10 64 位
CPU 类型	核心配置4核 i5或同级AMD
显卡	至少2GB显存的 nVIDIA卡或ATI卡，支持 DirectX 11 和Shader Model 3
内存	8GB
显示器	分辨率为1920×1080的真彩色显示器
磁盘空间	10GB
浏览器	Microsoft Internet Explorer 7.0及以上
网络	连接状态

高端配置清单

操作系统	Windows 7 64 位 Windows 8.1 64 位 Windows 10 64 位
CPU 类型	核心配置8核 i7或同级AMD
显卡	至少3GB显存的 nVIDIA卡或ATI卡，支持 DirectX 11 和Shader Model 3
内存	16GB
显示器	分辨率为1920×1080的真彩色显示器
磁盘空间	10GB
浏览器	Microsoft Internet Explorer 7.0及以上
网络	连接状态